Shahide Dehghan
Hossein Norouzi
Hossein Gholami

Marketing e gestão de projectos de construção

Shahide Dehghan
Hossein Norouzi
Hossein Gholami

Marketing e gestão de projectos de construção

nas estruturas digitais

ScienciaScripts

Imprint
Any brand names and product names mentioned in this book are subject to trademark, brand or patent protection and are trademarks or registered trademarks of their respective holders. The use of brand names, product names, common names, trade names, product descriptions etc. even without a particular marking in this work is in no way to be construed to mean that such names may be regarded as unrestricted in respect of trademark and brand protection legislation and could thus be used by anyone.

Cover image: www.ingimage.com

This book is a translation from the original published under ISBN 978-620-8-17089-9.

Publisher:
Sciencia Scripts
is a trademark of
Dodo Books Indian Ocean Ltd. and OmniScriptum S.R.L publishing group

120 High Road, East Finchley, London, N2 9ED, United Kingdom
Str. Armeneasca 28/1, office 1, Chisinau MD-2012, Republic of Moldova, Europe
Printed at: see last page
ISBN: 978-620-8-25411-7

Marketing e Gestão de Projectos de Construção nas Estruturas Digitais

Shahide Dehghan[1], Hossein Norouzi[2] Hossein Gholami[3]

[1]Departamento de Geografia, secção de Najafabad, Universidade Islâmica Azad, Najafabad, Irão

[2]Departamento de Engenharia Civil, Isfahan (Khorasgan) Branch, Islamic Azad University, Isfahan, Irão

[3]Departamento de Engenharia Civil, Isfahan (Khorasgan) Branch, Islamic Azad University, Isfahan, Irão

2025

Conteúdo

Prefácio

No mundo dos negócios atual, a publicidade e o marketing são uma das formas mais importantes de aumentar as vendas das empresas e das lojas. Gastar em publicidade e marketing é um investimento para o futuro, a fim de ganhar mais dinheiro. Algumas empresas gastam a maior parte do seu rendimento na publicidade dos seus produtos. Um produto que seja conhecido por vender mais às pessoas e que consiga captar a alma e o espírito do cliente com uma boa apresentação pode ser bem vendido no mercado. As empresas que prestam serviços de publicidade e de engenharia de marketing prestam muita atenção à publicidade, que pode ser feita de várias formas, tais como sítios Web, publicidade na Internet, teasers promocionais, outdoors, publicações e revistas, brindes promocionais, etc., a fim de obter mais vendas. No processo de marketing do projeto na indústria da construção, considerando todos os aspectos da indústria, serão examinadas diferentes questões, desde as mais gerais às mais pormenorizadas, e será analisado o seu efeito no resultado final. Uma vez que o processo de marketing e vendas é um processo abrangente e a longo prazo que tem em conta todas as variáveis efectivas, foi utilizado um modelo de acordo com o modelo de gestão estratégica abrangente para desenhar este processo. Ter uma visão estratégica e de longo prazo do projeto aumenta o grau de confiança na conclusão bem sucedida do projeto e reduz o risco. Uma das formas de aumentar a produção e a produtividade é a industrialização na construção. Atualmente, as empresas de construção não conseguem fornecer mais produtos em menos tempo, utilizando os mesmos métodos tradicionais e antigos que têm sido comuns no nosso sector da construção durante anos. Um grande construtor em massa no nosso país não faz, de facto, construção em massa com base em métodos industriais, mas sim construção em massa da mesma forma tradicional, montando uma série de edifícios de 4, 5 e mais andares por mestres artesãos durante um período de tempo muito longo, enquanto que no método de industrialização, uma grande empresa de construção pode preparar e implementar milhares de unidades de construção com um calendário específico num curto período de tempo e com total conformidade com as normas estruturais e institucionais e até mesmo com a arquitetura. Sem desperdiçar materiais ou chegar atrasado ou fazer algo fora do padrão técnico. Isto faz com que uma empresa de construção possa fornecer várias vezes mais produtos do que o método tradicional num curto período de tempo e aumentar a sua produção e capacidade de produção. . O objetivo profissional de qualquer anúncio é atingir um grande número de pessoas com o custo mais baixo ou acessível, o que abre caminho para encontrar novos clientes para a sua empresa. É claro que o risco desta questão está sempre presente. Se a publicidade for bem feita, será um passo bem sucedido para a sua empresa. Examinamos e implementamos os métodos de marketing importantes que os empreiteiros devem utilizar para promover e aumentar a marca e a influência da sua marca. Um dos objectivos da conclusão do projeto. O profissionalismo demonstrado pelo empreiteiro ou gestor do projeto é da maior importância. O seu papel como empreiteiro é fazer o trabalho corretamente e entregá-lo a tempo, aplicando normas de qualidade; mas o mais importante é fazer com que o gestor do projeto ou o gestor do projeto faça boa figura. O seu profissionalismo e experiência são a melhor e mais importante forma de o fazer. Várias vezes por mês, os representantes (proprietário do projeto ou projetista ou engenheiro ou organização reguladora) analisam o projeto. Pode mostrar o seu profissionalismo das seguintes formas: a qualidade e a quantidade do seu trabalho, a sua área de trabalho/apresentação da equipa experiente e do equipamento de trabalho/fazer o trabalho básico e observar a segurança.

Introdução

Cada marco da conclusão do projeto ou da empresa ou cada novo membro da equipa é uma oportunidade para destacar o que aconteceu na empresa. A criação de novos comunicados de imprensa dá à sua empresa a oportunidade de ser vista pelas pessoas. Identifique os meios de comunicação social na sua área e encontre aqueles que estão interessados na sua história e dê-lhes o seu conteúdo para ser mostrado, impresso e publicado para chegar a outros públicos que também estão interessados.

Corpo do texto

Muitos empreiteiros ignoram a importância das redes sociais e o seu poder no marketing digital e esquecem-se deste canal, que é para a geração mais jovem ou que opera na mesma área específica; mas, ao longo da última década, as coisas mudaram drasticamente e as empresas estão a usar o poder das redes sociais para promover os seus objectivos. Com mais de mil milhões de utilizadores, parece que os futuros clientes estão nas redes sociais, e pode aumentar o processo de os atrair e a sua confiança através de uma atividade eficaz nas redes sociais. Pode informar os seus seguidores e seguidores sobre o progresso da empresa utilizando o Instagram, o Telegram, blogues, publicações exclusivas, boletins informativos e vídeos. Saiba que, se não estiver ativo nas redes sociais do seu país, não pode estabelecer eficazmente uma relação com o seu público potencial. Depois de criar um logótipo memorável, certifique-se de que o logótipo está em todo o lado em todos os conteúdos, tanto digitais como impressos. O logótipo, o tipo de letra, a cor, a mensagem oficial e o estilo comercial devem ser coerentes em todos os canais. Por isso, ajude-os a realizar projectos bem sucedidos, fornecendo gratuitamente opiniões de especialistas no seu sítio Web. Dê-lhes esta visão. Dê-lhes e sensibilize-os para os diferentes equipamentos e especialidades e explique-lhes como devem contratar empreiteiros para os seus projectos e a que pontos devem prestar atenção. . Em seguida, informe sobre os processos relacionados com o trabalho. No sítio Web da empresa, nas brochuras, em todas as páginas da empresa, nos veículos da empresa e nos cartões de visita. Esta continuidade e repetição aumentará o conhecimento da marca e ligará e reforçará todos os seus esforços de marketing. O domínio do marketing digital no sector da construção é um desafio. Porque mesmo que seja proprietário de uma empresa de construção, esta questão é muito importante para si. A principal razão é que muitas mudanças são determinadas no domínio das perspectivas da construção. Nesta base, é necessário que uma estratégia de marketing digital seja capaz de complementar e desempenhar um papel importante na indústria da construção em todas as fases, porque, caso contrário, a conclusão de cada fase da construção pode ser assustadora. Mas com o marketing digital no sector da construção, a percentagem de insucesso pode ser minimizada. A principal diferença entre o marketing digital na indústria da construção e noutras indústrias é que quanto mais complexo e maior for um projeto, mais precisão o marketing digital necessita. Agora, se está no sector da construção. Se tem e pretende manter-se estável neste ramo, precisa de uma utilização única do marketing digital nesta indústria, e estas condições são necessárias para a implementação e construção dos seus projectos. Também se tornou difícil escolher o número de trabalhadores com competências suficientes na sua área, porque o seu número é muito limitado. Para poder continuar a sobrevivência de qualquer indústria na era da tecnologia, não é possível basear-se nestas mudanças. Uma solução importante e fundamental que pode ser utilizada como marketing digital no sector da construção é tornar a marca mais visível nas redes sociais. Hoje em dia, as plataformas de redes sociais aumentaram muito e há muitas empresas na Internet, e a Internet criou uma possibilidade no marketing digital. proporcionar ao sector da construção civil beneficiar de mais clientes. Não há razão para as empresas não aproveitarem a existência destas plataformas e redes sociais. Porque estas redes podem ajudar a expandir as suas actividades. Uma empresa de construção profissional que utilize o marketing digital no sector da construção pode provar a sua presença na web e diferenciar-se dos concorrentes. Seja consistente, precisa de muitos contactos, e é melhor aumentar o potencial de vendas com o tipo certo de relacionamento. Uma das melhores ferramentas que cria muitas oportunidades para o sector da construção tornar uma marca visível entre os clientes são as redes sociais. É melhor considerá-las importantes. A maioria das empresas utiliza a Internet para atrair um grande público para a sua marca. Agora, esta questão levou-o a fazer mais uso da comunicação e da Internet. Porque é conhecida como um ambiente muito vasto onde todas as pessoas da sociedade armazenam e recuperam uma grande quantidade de informações e dados durante o dia. A Internet é um espaço vasto que a maioria das empresas A construção também pode planear para a sua presença online e, desta forma, tornar a sua marca mais visível, o que é considerado como a opção mais importante para o marketing digital no sector da construção. O sítio Web da Aileen pode reunir as condições para o marketing digital no sector. A construção fornece-lhe o verdadeiro poder nos motores de busca e o seu sítio é classificado numa posição elevada. Nesta situação, as pessoas podem criar um fluxo de tráfego constante para o seu sítio Web e, finalmente, estas condições levam os clientes à página. São conhecidos como uma nova forma de adquirir clientes no sector da construção. Atualmente, muitas pessoas no sector da construção procuram novas formas de atrair clientes e aumentar as suas vendas. O marketing digital, como um dos métodos mais utilizados para atrair clientes e fazer publicidade, está atualmente a receber muita atenção na indústria da construção. Uma das vantagens da utilização do marketing digital na indústria da construção é o aumento do acesso a novos mercados e a expansão das actividades comerciais. Ao utilizar este método, pode chegar rápida e facilmente a novos clientes e aumentar as suas vendas. O marketing digital permite-lhe utilizar tecnologias avançadas e novos métodos. Atrair clientes facilmente e com os custos mais baixos. Além disso, com a ajuda deste método, pode comunicar facilmente com os seus clientes em linha e compreender melhor as suas necessidades. A utilização do marketing digital na indústria da construção permite-lhe utilizar capacidades únicas, como a análise de dados, benefícios, ferramentas de publicidade avançadas, otimização de conteúdos e melhor experiência do utilizador. Devido à intensa concorrência na indústria da construção, a utilização do marketing digital permite-lhe utilizar novos métodos e melhorar as suas actividades publicitárias, de Fique à frente dos seus concorrentes e ganhe uma melhor posição no mercado. Uma das vantagens da utilização do marketing digital no sector da construção é aumentar o reconhecimento da marca e incentivar os clientes a fazerem compras fiéis. Ao utilizar métodos digitais como SEO, publicidade nas redes sociais e produção de conteúdos úteis, pode mostrar aos seus clientes que é uma marca fiável e profissional e estabelecer uma relação próxima com eles. Isto ajudá-lo-á a fidelizar os seus clientes e a utilizá-los como embaixadores da sua marca. Por último, o marketing digital permite-lhe utilizar todas as suas capacidades através de métodos de publicidade e marketing optimizados. Utilize-o e aumente as suas vendas. Para obter todos estes benefícios, pode recorrer a empresas profissionais de marketing digital que o ajudarão a formular e a implementar as suas estratégias de marketing e a utilizar este método de forma optimizada. Recentemente, com o aumento e o crescimento da população e a migração das pequenas para as grandes cidades, tornou-se necessário mudar o tipo de construção do tradicional para o moderno, e considera-se importante recorrer a novos métodos de construção, que têm mais vantagens do que o tipo de construção tradicional. O mais importante deles é a estilização. A estilização, a reabilitação, a poupança de materiais, a otimização do consumo de energia durante a construção e o funcionamento, o aumento da vida útil e da qualidade, etc. Além disso, o conhecimento do tempo de construção do edifício e a utilização de novos materiais acelera a conclusão do projeto. Obtém-se um software de gestão de projectos. A nossa principal deficiência no país é a falta de um sistema específico para calcular os custos reais e a gestão financeira dos vários departamentos durante o projeto de construção. De facto, pode dizer-se que a gestão teórica com sistemas de medição deve ser introduzida na indústria da construção para tornar o projeto mais rápido. Como se sabe, a indústria da construção em termos de envolvimento de mão de obra, custo e ciclo A indústria é uma das maiores indústrias do país. Devido ao crescimento da população e ao aumento da procura, os projectos têm de ser concluídos e entregues em tempo útil. Ao aumentar a velocidade da construção, o investidor obterá o seu capital e lucro mais rapidamente, e esta é a razão pela qual os sistemas tradicionais devem dar lugar a sistemas novos e emergentes, e a necessidade de transformar o tradicional em moderno é sentida cada vez mais todos os dias. A industrialização é um dos métodos emergentes no sector da construção. Se considerarmos a tecnologia da construção como uma tecnologia industrial, esta tecnologia entrou no domínio da construção no Irão por volta de 1347, tendo o seu auge ocorrido quando a construção assumiu a forma de povoações em algumas das cidades de Isfahan, Tabriz, Teerão, Ahvaz e outras cidades. Esta indústria entrou no Irão vinda da Europa e, uma vez que nenhuma indústria está isenta de fraquezas, a maioria dos problemas ocorreu no domínio da produtividade, da qualidade do trabalho e, mais importante ainda, da entrega dos projectos. A incerteza da calendarização simultânea dos planos executivo e financeiro é um dos pilares mais importantes da gestão da indústria da construção; porque quando o projeto é concluído a tempo, tanto a entidade patronal como o empreiteiro usufruem de grandes benefícios materiais e espirituais. Nos países avançados, a entrega adequada e atempada dos projectos de construção é uma das preocupações dos gestores. Infelizmente, como a maior parte dos empreiteiros do nosso país entrou nesta área a título experimental e devido ao elevado lucro dos projectos de construção no passado, não se prestou atenção ao planeamento nesta indústria, embora o mais importante na indústria da construção seja a parte financeira e o seu lucro. Outra deficiência que se faz sentir nesta indústria é a falta de um determinado sistema para calcular e determinar o custo real e a gestão. As finanças dos vários departamentos durante a execução dos projectos de construção. Quando se é proprietário de uma empresa, é muito importante fazer chegar a sua voz aos clientes. No mercado competitivo de hoje, isto é mais importante do que nunca, mas há tantos conselhos sobre marketing e aquisição de clientes no sector da construção que pode ser difícil tomar uma decisão. Não pense que este é apenas o caso do sector da construção; o marketing é uma parte essencial do início e desenvolvimento de qualquer negócio. Este processo ajudá-lo-á a alcançar os seus clientes-alvo, a fechar mais negócios e a fazer crescer a sua empresa.

Uma estratégia de marketing correta e precisa é um roteiro para orientar as decisões empresariais. Com um sítio Web, pode apresentar eficazmente a sua empresa como um grupo de especialistas definido no seu domínio. Pode expor a sua marca e atrair mais clientes interessados, utilizando uma página oficial que proporciona uma maior comunicação entre os clientes e a empresa. A otimização e a integração do design da interface e da experiência de trabalho podem realmente aumentar a credibilidade da sua empresa e ajudar os visitantes a confiar nas suas capacidades. Um sítio Web bem concebido pode ser um recurso valioso para o seu público e melhorar o seu serviço e apoio. Dependendo do tipo de empresa que dirige, existem muitas plataformas de sítios Web diferentes que pode escolher para conceber e construir o seu sítio Web. Escolha a configuração do seu sítio Web de arquitetura. Pode escolher entre plataformas como Squarespace, Wix, WordPress, etc. Também pode optar por criar o seu próprio sítio Web de raiz e personalizá-lo. Depende do seu nível de conhecimento de design e proeza técnica. É importante manter-se concentrado na sua mensagem geral e garantir que os visitantes possam navegar na sua página de uma forma direta e sem problemas. Por fim, certifique-se sempre de que o seu conteúdo é atualizado. Deve também incorporar um design intemporal e manter a sua página actualizada e relevante. O lançamento de um sítio Web traz muitos benefícios comprovados para as empresas, mas também tem algumas desvantagens. No início deste percurso, é necessário ter muito capital e vontade de investir. Os sítios Web de qualidade têm um preço elevado, mas normalmente vale a pena o investimento quando a empresa está estabelecida. Também terá de garantir que o seu conteúdo é constantemente atualizado, o que pode exigir um planeamento avançado por parte da equipa de criação de conteúdos. Aprenda a manter o seu público envolvido, criando conteúdos adaptados aos seus interesses. Dependendo dos seus conhecimentos pessoais de design técnico e de competências de desenvolvimento de sítios Web, poderá ter de contratar alguém para o ajudar a conceber e lançar o seu sítio Web. É importante ter em conta os aspectos que referimos antes de se comprometer com um sítio Web para a sua empresa. Com uma SEO adequada, pode aumentar organicamente o conhecimento geral da sua marca e direcionar mais tráfego para o seu sítio Web. Quando tiver uma classificação mais elevada nos motores de busca, o seu sítio Web pode mostrar eficazmente os seus conhecimentos. O seu tráfego contínuo e os seus contactos aumentarão com a implementação de uma estratégia de SEO. Quanto mais o seu sítio Web aparecer na pesquisa do Google, mais credível será para os espectadores. Talvez fique surpreendido por saber que o Google continua a ter a taxa de conversão mais elevada de público para cliente em comparação com outros canais. Todos os potenciais clientes no sector da arquitetura e da construção são obtidos a partir de pesquisas na Web. Com o desenvolvimento das tecnologias emergentes e o acesso aberto, por um lado, o desenvolvimento da transparência e do volume de dados e dos métodos de trabalho com eles e o desenvolvimento de ferramentas de telecomunicações e de informação interactivas e integradas desempenham um papel importante na gestão óptima dos processos de construção de todos os tipos de edifícios e projectos conexos. O subsector económico da construção, tal como outros subsectores económicos, enfrenta uma procura crescente de inovações no domínio das tecnologias como a Internet das Coisas, os grandes dados, o fabrico avançado, a robótica, a impressão 3D, as tecnologias de cadeias de blocos e a inteligência artificial. No nosso país, o design e a engenharia, o fabrico e a Saz têm desempenhado um papel importante no desenvolvimento de outros sectores industriais, como o aço e o cimento e outras indústrias. Por conseguinte, é caraterístico que a simplificação dos processos de construção e a transparência na gestão, racionalização e otimização da informação, que é o principal motor da digitalização, possam ter um efeito na produtividade em todas as dimensões, especialmente nos materiais e na energia. Investigação e desenvolvimento de métodos e ferramentas tecnológicas. A informação e a comunicação para a gestão interactiva das várias fases do processo de construção, incluindo a conceção, a construção e a gestão, devem interessar aos centros de investigação, como o centro de investigação da construção e da habitação, às associações científicas e industriais, bem como à comunidade de consultores e empreiteiros. Estes podem prestar uma assistência especial a todas as partes interessadas no processo de construção, incluindo proprietários, projectistas, construtores e gestores de projectos, através da realização de estudos de caso informativos. O conceito-chave de transformação digital tem sido consistentemente associado ao sector da construção há mais de uma década, mas o sector ainda enfrenta desafios significativos para o implementar corretamente. O principal é compreender plenamente que o sector da construção tem uma atitude completamente diferente quando implementa novas tecnologias. Este sector é complexo em termos de recuperação e processamento de informação. Ao contrário da tecnologia da informação em geral, em que a informação é processada como números binários e os problemas são resolvidos através de algoritmos, a interação humana desempenha um papel importante na construção e os participantes activos de um determinado projeto resolvem frequentemente os problemas utilizando ferramentas de comunicação. . Este aspeto transversal faz naturalmente da construção uma indústria única com múltiplas complexidades. O objetivo claro da transformação digital na construção é reduzir a necessidade de retrabalho e tornar o processo de gestão da construção mais eficiente. Como o processo de fabrico é único e dinâmico, a sua implementação bem sucedida torna-se ainda mais complexa e requer uma tecnologia inovadora que possa, em primeiro lugar, reduzir esta complexidade cognitiva e, em seguida, linearizar o processo. Isto leva-nos naturalmente ao objetivo final de nos tornarmos "lean". Todas as empresas devem e podem facilitar o processo de construção ao longo de todas as fases distintas, normalmente desde a conceção inicial até à entrega eficiente. Além disso, a combinação dos métodos "lean" e da gestão da construção baseada na tecnologia conduz a um processo de construção mais eficiente, criando assim valor para o cliente. O processo de construção tem duas fases muito importantes: a conceção e depois a produção/fabrico. Infelizmente, existe um fosso significativo entre as duas fases, o que leva a uma coordenação ineficaz. Um exemplo claro são as constantes alterações no projeto quando a fase de construção já começou. É de notar que, em termos de produtividade, a indústria da construção registou um declínio significativo nos últimos 40 anos, em comparação com outras indústrias. Muitas pessoas neste sector trabalham com lógica humana e, por isso, têm opiniões, mentalidades e padrões de desempenho diferentes. Além disso, a tecnologia utilizada na indústria da construção está sujeita a diferentes cenários com base em diferentes projectos, o que significa que não é fácil simular as condições de trabalho antes da execução efectiva da atividade. Por conseguinte, a comparação do sector da construção com outros sectores é diferente. Um dos principais obstáculos à implementação da digitalização na indústria é a forma de lidar com o facto de partes significativas do processo de construção serem realizadas no local - como a colocação de tijolos, a pintura, o reboco, etc. Uma mudança dos processos de trabalho manual para uma digitalização abrangente, como a pré-fabricação, pode substituir muitos empregos na indústria com impactos sociais diretos e não intencionais. Além disso, é necessária uma transformação digital equilibrada para que a essência dos processos de construção únicos não se perca na prossecução da revolução digital. As empresas continuam a rever e a melhorar as suas actividades para tirar partido de um conjunto de factores específicos, incluindo actividades de construção e não construção. Estes incluem: maior sinergia, exploração da vantagem competitiva e do conhecimento, bem como maior rentabilidade, ciclo de vida de construção mais curto e maiores receitas recorrentes de actividades não relacionadas com a construção. No entanto, uma vez que estas actividades exigem normalmente níveis de investimento mais elevados do que a construção simples, a diversificação envolve riscos como o endividamento. Os grupos de construção têm vindo a diversificar a sua carteira de negócios e, recentemente, fizeram-no sobretudo através de actividades de fusões e aquisições. Para tal, prestam serviços não relacionados com a construção a clientes do sector da construção e realizam múltiplas actividades que abrangem o ciclo de vida dos activos. As empresas fornecem uma gama completa de soluções para extrair valor das principais tecnologias e expectativas comerciais de cada cliente. O principal objetivo é passar de um enfoque exclusivo em E&C para se tornar um parceiro comercial "de pleno direito". Nas últimas décadas, as empresas desenvolveram as suas ofertas de serviços principalmente nos domínios da consultoria, das soluções de pessoal, da logística e da cadeia de abastecimento, e do imobiliário. Alguns operadores estão também a investir em áreas menos relevantes, como a moda e a hotelaria. Expandir a carteira de negócios também significa fornecer um conjunto integrado de soluções ao longo do ciclo de vida dos activos. Para se tornarem fornecedores de soluções completas, as empresas investiram fortemente em concessões, gestão de água e resíduos, produção e sistemas de energia, soluções de manutenção e gestão de activos, renovação e modernização. Ao reduzir a dimensão e a complexidade, pensa-se que construir algo é um processo simples. Começa-se com um projeto, cria-se um plano, selecionam-se e reúnem-se os recursos necessários, cria-se o bem, recebe-se o pagamento e vai-se para casa. No entanto, no mundo real, nada é simples. Os projectos de construção são frequentemente atrasados por várias razões. Problemas na cadeia de abastecimento, alterações de âmbito, erros de conceção, problemas de comunicação, riscos imprevistos são apenas alguns dos obstáculos que os projectos enfrentam. Estes problemas são agravados pelo facto de a indústria continuar a depender do papel ou de outras ferramentas antigas para gerir a conceção, os processos operacionais, as cadeias de abastecimento, as comunicações e os resultados. A gestão digital da construção, através da modelação da informação da construção (BIM) e de um ambiente de dados interligados. permite uma visão ampla e detalhada de todas as fases do projeto e ajuda a reduzir ou evitar problemas que podem parar o projeto. Uma vantagem importante de um processo de fabrico digital completo é a sua capacidade de prever e reagir. Ao contrário das formas digitais anteriores, a geminação digital através do BIM vai além da aceleração dos processos analógicos e melhora as principais práticas de gestão de projectos, reduzindo assim os atrasos nos projectos. A utilização de gémeos digitais identifica potenciais problemas desde o início. Uma vez que os gémeos são constantemente actualizados durante a construção, os problemas podem ser identificados atempadamente para serem corrigidos rapidamente. E com a adição de tempo, custos e quantidades, os gémeos digitais podem controlar todos os aspectos do ciclo de vida do projeto. O controlo real e perspicaz de um projeto é um fator-chave para manter os planos no bom caminho. No entanto, é difícil obter uma visibilidade profunda através de processos baseados no analógico. O BIM 3D ajuda a acelerar a entrega do projeto através da representação gráfica de dados que permite aos participantes percorrer o processo de construção passo a passo ao longo das fases de conceção e planeamento e identificar potenciais problemas na conceção, nos processos de construção, no fluxo de trabalho, na segurança e muito mais. Antecipar preocupações. A adição de BIM 4D acrescenta o elemento tempo aos modelos 3D e facilita o planeamento integrado do programa e os ajustes em tempo real. A informação 4D também permite a utilização optimizada dos recursos e dá uma ideia da evolução do projeto. A passagem para o BIM 5D integra a produção de custos e quantidades na matriz do projeto. Isto ajuda a produzir estimativas de projeto de maior qualidade e pode ser utilizado no início do processo para examinar a forma como as escolhas de conceção e de processo afectam os custos do projeto. A utilização do 5D continua durante a construção real, proporcionando uma visão dos custos projectados versus os custos reais e uma compreensão imediata do impacto financeiro das alterações do projeto ao longo do ciclo de construção. A gestão digital da construção também elimina uma barreira importante à entrega atempada do projeto: a comunicação. Uma vez que as alterações em qualquer parte do projeto se reflectem imediatamente em todos os aspectos dos dados do projeto, à semelhança do funcionamento de uma folha de cálculo, os participantes já não têm de depender de correio eletrónico, telefonemas ou conversas pessoais para saberem o que se passa. Embora as empresas compreendam cada vez mais o potencial da gestão digital da construção para ajudar a cumprir os planos e objectivos do projeto, estão muitas vezes relutantes em comprometer-se com a adoção em toda a empresa. Os processos antigos e as ferramentas de software que muitas vezes não funcionam bem com outras partes interessadas mantêm-se. A falta de uma fonte única e de um ambiente de dados interligados conduz a erros de projeto que podem levar a atrasos dispendiosos, à redução da produtividade e até ao fracasso do projeto. A indústria da construção, mesmo em pequena escala, envolve muito trabalho, o que implica muitos procedimentos legais, o tratamento de muita papelada, a gestão de um grande número de subordinados, bem como a compra e venda de toneladas de matérias-primas, muitas vezes com preços flutuantes. Tudo isto deixa pouco ou nenhum tempo para planear estratégias de marketing. Embora de natureza diferente de muitos outros negócios, a indústria da construção também requer estratégias de marketing bem planeadas e executadas para alcançar o sucesso. Como empreiteiro profissional com experiência e talento, em que é que se distingue dos seus concorrentes? Não se pode destacar no meio da enorme multidão de empreiteiros se não tiver feito um marketing ativo e eficaz. Muitos empreiteiros estão a utilizar plenamente as novas formas de estratégia de marketing das empresas de construção e empreiteiros que ajudam as empresas a atingir os seus objectivos. Ter uma estratégia de marketing adequada para as empresas de construção ajudá-lo-á a fazer crescer o seu negócio. Deve desenvolver uma estratégia que crie uma vantagem competitiva para a sua empresa e concentrar-se nos sectores que estão a desenvolver-se e a crescer. As condições de mercado são diferentes nos vários sectores da construção. A taxa de crescimento é diferente em diferentes sectores, como o residencial, o público, o retalhista, a engenharia civil e os edifícios de escritórios. A sua estratégia deve ter em conta as oportunidades de renovação de edifícios existentes, bem como de novos projectos. Procure oportunidades em nichos de mercado que correspondam às suas competências específicas. De acordo com a revista Construction Business, as empresas que oferecem serviços específicos ganham duas vezes mais leilões do que as empresas que operam no domínio geral. A especialização significa que tem menos concorrentes para um serviço específico ou uma tarefa especial e que pode dar-se a conhecer como um especialista nesse sector. Analisar e combinar os pontos fortes e fracos da empresa e formular um plano para lidar com os pontos fracos. Utilizar esta análise para identificar oportunidades e ameaças no sector. Isto permite-lhe obter projectos mais rentáveis. Avalie a sua capacidade em relação a outros concorrentes para fornecer pontos de referência para o desenvolvimento do negócio. Cada etapa de conclusão do projeto ou ponto de meta da empresa ou cada novo membro da equipa é uma oportunidade para destacar o que aconteceu na empresa. Criar novos comunicados de imprensa dá à sua empresa a oportunidade de ser vista por pessoas relevantes. Identifique os meios de comunicação social na sua área e encontre aqueles que estão interessados na sua história e dê-lhes o seu conteúdo para ser apresentado, impresso e publicado para chegar a outros públicos interessados. Se quiser que a sua marca seja profissional e ativa, deve ter um sítio Web atualizado e limpo. Certifique-se de que se destaca dos outros contratantes com um design único e um conteúdo fiável e preciso. Deve saber que, quando as pessoas visitam o seu sítio Web, vão reparar que a sua informação não está actualizada ou está duplicada ou tem erros ortográficos, pelo que rejeitarão rapidamente o seu sítio Web sem saberem se é ou não uma empresa respeitável. Ao fazer isto, estará a perder potenciais clientes. Trabalhar com uma empresa de marketing forte no sector da construção que esteja familiarizada com a sua marca dar-lhe-á mais segurança na conceção do sítio Web. Deixe que a sua equipa crie o seu sítio Web e o conceba de uma forma que incentive os potenciais clientes a pegarem no telefone e a telefonarem-lhe. Certifique-se de que o seu sítio Web é reativo (adapta-se a qualquer tamanho e a qualquer dispositivo móvel) e está em conformidade com as questões técnicas do Google. Antes de selecionar uma pequena lista de potenciais fornecedores, forneça informações completas aos clientes que estão a realizar pesquisas preliminares. Mencionar a experiência, as áreas de especialização e as capacidades da sua empresa no sítio Web. Realce as competências e a experiência da sua força de trabalho e inclua detalhes de todos os projectos bem sucedidos. Na estratégia de marketing das empresas de construção, muitos subempreiteiros ignoram a importância das redes sociais e o seu poder no marketing digital, e este canal, que é utilizado por gerações, esquece-se de que é mais jovem ou trabalha na mesma área específica. Mas, na última década, as coisas mudaram drasticamente, e as empresas estão a usar o poder das redes sociais para avançar com os seus objectivos. A gestão digital de projectos é uma das tendências futuras no sector da construção. Aqui, o software baseado na nuvem é utilizado para atingir objectivos de qualidade, tempo e custo. Através da gestão de projectos, os princípios de cada fase da construção já foram decididos e, na fase inicial, o gestor de projectos utiliza algoritmos preditivos baseados em inteligência artificial para compreender a viabilidade do projeto. Uma vez aprovado pelo gestor, este estabelece marcos para todas as etapas e distribui os recursos para atingir esses marcos. Os recursos são distribuídos através de um sistema ERP que assegura a transparência e o armazenamento de grandes volumes de dados. Um sistema ERP é também utilizado pelos gestores para acompanhar os resultados previstos e os resultados efectivos (também conhecido como análise de processos). (ser) cada tarefa e, em seguida, até mesmo a recolha de informações sobre os estrangulamentos é utilizada. No final do projeto, os gestores assinam contratos profissionais para confirmar as obrigações legais e evitar fraudes financeiras. Tudo isto mostra como a gestão digital de projectos de construção leva à redução do desperdício, ao aumento da produtividade do trabalho e à garantia da conclusão dos projectos a tempo, o que também leva a uma maior satisfação do cliente e ao regresso dos clientes. No sector da construção, uma das ocorrências mais comuns é o facto de as empresas terem mais do que um cliente ao mesmo tempo. O desafio aqui passa a ser a troca de informações dentro da empresa, que se torna entediante e confusa à luz de processos manuais, bem como propensa a atrasos e erros. Gerir e recolher dados para múltiplos projectos e satisfazer as exigências de vários clientes no sector da construção. Seria muito ineficaz e pouco prático utilizar métodos antigos, como a utilização de folhas de cálculo em PowerPoint ou Excel. Além disso, sem cópias de segurança, a informação fica exposta a perdas. Além disso, a informação gerida desta forma não é actualizada online, o que aumenta o desafio existente que pode ser resolvido através da implementação de um sistema ERP. No sector da construção, um concurso pode ser ganho ou perdido inteiramente com base na proposta apresentada. Trata-se de uma indústria altamente competitiva, mas complexa, em que a proposta de custos estimados para um projeto envolve muitos parâmetros, tais como custos de mão de obra, custos de matérias-primas, duração do projeto, licenças e inflação, etc. Os factores manuais para a estimativa dos custos de um projeto são susceptíveis de serem sujeitos a erros humanos, dados desactualizados, análises erradas, etc., o que resulta em estimativas de projectos de construção inexactas. Quando isto acontece, os clientes perdem a confiança na empresa, ficam insatisfeitos e o desempenho do projeto é afetado. Além disso, outra tendência e desafio recorrentes no sector da construção são as elevadas expectativas de alguns clientes e beneficiários. Estas expectativas podem incluir o facto de quererem que um projeto seja concluído num prazo rápido ou um projeto com um orçamento apertado. Tais expectativas conduzem a desafios que têm de ser profundamente avaliados antes de se prometer cumprir as suas expectativas. Trabalhar com objectivos inatingíveis pode, na verdade, prejudicar a produtividade ao ponto de, mesmo que os seus empregados estejam a fazer horas extraordinárias, continuarem a trabalhar. Não podem ajudá-lo a concluir o projeto de construção conforme necessário, simplesmente porque os objectivos do cliente ou das partes interessadas não podem ser atingidos. Nenhuma quantidade de incentivos aos empregados, benefícios adicionais aos empregados ou outras soluções semelhantes funcionarão se a qualidade e a precisão do projeto de construção tiverem de ser mantidas. Um desafio relacionado com o sector da construção é a má previsão. O que leva a expectativas tão elevadas e irrealistas. As más previsões acontecem frequentemente quando a tónica é colocada no longo prazo e não nas previsões a curto prazo. Para saber se estas previsões são realmente realizáveis ou não, devem ser divididas em objectivos mensais, semanais e diários. Assim que tiver esta visão completa, pode comunicar os problemas (se necessário) aos seus clientes ou partes interessadas. deixar Isto pode ser seguido pela apresentação de um plano alternativo para que possam ver um calendário ou orçamento agressivo, mas exequível. Isto ajudá-lo-á a gerir as expectativas desde o início para que possa lançar um projeto vencedor. E a melhor forma de o garantir é utilizar um sistema ERP que o ajude a fazer tudo isto com maior eficiência. Esta é uma ocorrência normal em qualquer negócio, incluindo o negócio da construção com o qual é obrigado a lidar. Está com mais do que um cliente de cada vez. No entanto, o processo complexo é o que torna a troca de informações dentro da organização e de todos os departamentos relevantes muito complexa e, por vezes, confusa. Tanto é assim que os erros se tornam quase inevitáveis. A gestão manual de uma quantidade tão grande de dados torna-se um desafio propenso a numerosos erros humanos de introdução de dados que podem mais tarde transformar-se num grande erro, uma vez que mesmo um pequeno erro na construção da indústria pode causar atrasos dispendiosos e refletir a incapacidade da sua empresa para prestar um serviço satisfatório. Um sistema ERP é muito útil para lidar com estas questões, uma vez que automatiza o rastreio de dados e simplifica a informação do projeto. Com isto, pode facilmente monitorizar o estado de cada projeto, identificar corretamente a necessidade de matérias-primas, atribuir tarefas aos empregados certos, escolher os fornecimentos certos e, em geral, tornar a gestão de projectos simples, não só para si, mas também mais eficiente. Isto significa ser preciso, produtivo e mais rentável para si. Um dos desafios mais comuns na indústria da construção é a quebra de comunicação devido à presença de diferentes departamentos, vendedores, fornecedores, empregados e até localizações geográficas envolvidas em qualquer projeto de construção. No entanto, esta desconexão torna as operações mais lentas e afecta os prazos dos projectos. Além disso, quando se tem mais do que um cliente, a troca de informações torna-se confusa e aborrecida. Um sistema ERP é uma grande ajuda neste caso, porque fornece uma base de dados centralizada na qual todas as informações e dados podem ser partilhados. A base de dados está organizada e acessível a todos os departamentos e funcionários que dela necessitem. Esta base de dados centralizada também facilita a comunicação e garante que todos estão na mesma página, quer seja através de agendamento de calendário, ou e-mail, ou lembretes, ou fluxo de trabalho do projeto, etc. Uma vantagem adicional, mas essencial, de um sistema ERP é o facto de proporcionar uma segurança de dados ideal para a realização de cópias de segurança dos dados no seu espaço na nuvem e até permitir definir a autorização do utilizador para garantir o acesso com base em permissões aos dados nele armazenados. Projectos de construção completos Entre as necessidades do cliente estão especificações, desenhos e planos, e até diferentes prazos. Com base nestes requisitos, os custos do projeto proposto também são diferentes. Para gerar uma estimativa de custos do projeto, é necessária uma análise aprofundada de todos os seus aspectos. Um sistema ERP é uma grande ajuda neste caso, porque torna todo o processo de produção muito mais fácil de utilizar. Isto porque tem todas as ferramentas que permitem incluir todos os parâmetros necessários, como o custo da mão de obra, as matérias-primas, o design e até a duração. Em seguida, considera todas estas informações, bem como os dados anteriores e as projecções futuras, antes de chegar a uma estimativa exacta dos custos e das receitas do projeto. Para orientar corretamente os recursos nos projectos de construção, é necessário dispor de uma análise detalhada das matérias-primas, da mão de obra e da duração do projeto. Com um sistema ERP, terá dados em tempo real sobre todos estes parâmetros e muito mais, o que lhe dará uma visão e análise abrangentes e o ajudará a tomar decisões eficientes. De facto, um sistema ERP também cria transparência na organização e permite-lhe monitorizar os processos empresariais online e, ao mesmo tempo, dá uma ideia sobre possíveis cenários internos, desafios e oportunidades que precisam de ser abordados. Isto melhora a eficiência operacional, reduz o tempo de inatividade desnecessário e evita complicações contratuais com o cliente. E ajudará a conceber um orçamento financeiro adequado para a tarefa. O benefício adicional de todos estes sucessos será uma melhor reputação da marca, uma maior fidelidade do cliente, uma melhor eficiência, um maior retorno do investimento e mais receitas para a empresa com melhores demonstrações financeiras, tais como P&L, balanço e P&L. Com o estabelecimento de um sistema ERP nas empresas de construção, a gestão financeira global da empresa é simplificada. Um bom sistema ERP tem incorporadas obrigações legais que são automaticamente cumpridas quando chega a altura. Além disso, possui recursos que permitem configurar diferentes planos de folha de pagamento para diferentes equipes de funcionários. Faça com mais personalização para recompensá-los ou deduzi-los. De facto, um sistema ERP também permite a transferência direta de salários e ordenados para as contas bancárias dos funcionários. O sistema ERP também gera relatórios financeiros, demonstrações financeiras e análises financeiras e insights em seu painel, fornecendo informações importantes sobre o desempenho do negócio. e fornece trabalho enquanto é um detentor de registros completos para toda a organização. De facto, também tem geração automática de facturas com um sistema de acompanhamento de facturas não pagas. Isto garante que o fluxo de caixa da sua empresa é mantido e que outros projectos não são afectados negativamente. Também se torna mais fácil controlar os pagamentos parciais a empregados, especialistas em vários domínios, fornecedores e vendedores, etc. Atualmente, os sistemas ERP são amplamente utilizados na maioria dos sectores, incluindo o sector da construção. A implementação de sistemas ERP ajuda a proporcionar eficiências extraordinárias nos processos e na coordenação. No entanto, para que um sistema ERP seja adequado para as empresas do sector da construção, deve desempenhar as funções de um ERP normal, acrescentando previsões de custos fixos e de despesas gerais, bem como gerir todo o ciclo de vida do projeto. Da proposta à entrega Existem 5 elementos principais que um ERP no sector da construção deve possuir. Todos os projectos de construção podem ser concluídos a tempo ou não, podem ser concluídos dentro do orçamento ou não, no entanto, independentemente disso, o utilizador final não está preocupado com o facto de ter tido lucro ou não, mas sim com o facto de ter entregue ou não. Se o projeto corresponde ao prometido em termos de qualidade e de prazo. No entanto, com um sistema ERP que possui funcionalidades de análise e previsão baseadas na simplificação de dados e informações não só do presente, mas também do passado e da previsão. É possível fazer estimativas precisas com base nas quais pode lidar com os seus clientes e gerir as suas expectativas. O sistema ERP que escolher para a sua empresa no sector da construção deve ser capaz de gerir todas as instalações, matérias-primas e equipamentos nos muitos projectos em que a empresa pretende estar envolvida. Isto é fundamental porque o sector da construção civil tem um mercado muito competitivo, com margens cada vez mais apertadas e, por isso, para conseguir a máxima produtividade e rentabilidade, a partilha de recursos de vários tipos em projectos e localizações é uma prática comum que se torna possível desta forma. Criar um sistema ERP que tenha caraterísticas semelhantes. Assim, o seu sistema ERP deve ser capaz de gerir uma vasta gama de materiais de construção, bem como equipamentos e mão de obra. No sector da construção, os relatórios devem ser feitos em linha, porque só assim é possível gerir as margens de lucro. A complicação aqui é que, neste sector, os lucros e perdas não podem ser calculados tão facilmente como noutros modelos de negócios tradicionais. No entanto, um sistema ERP torna isso possível, especialmente se for centrado em projectos. Outros elementos adicionais que um ERP pode ter para tornar este trabalho mais preciso. O marketing e a captação de clientes para edifícios em construção é uma das preocupações importantes de qualquer empresa que pretenda atuar no mercado. Utilizar estratégias de marketing no sector da construção é muito importante para atrair clientes fiéis. A publicidade e o marketing são necessários para o crescimento e a introdução de qualquer negócio entre as pessoas que se dedicam a esse domínio. Um dos métodos convencionais de comercialização de brochuras é a publicidade impressa, que é utilizada por muitas pessoas. Atualmente, porém, com o avanço da tecnologia, foram criados métodos novos e eficazes de publicidade. Anúncios por SMS, anúncios no Instagram, anúncios em sítios Web e outros novos métodos que todas as empresas devem utilizar para serem eficazes no mercado e entre a concorrência. Na continuação deste artigo da Arta Parsian Company, analisaremos a utilização de estratégias de marketing no sector da construção para comercializar e atrair clientes. Os activistas no domínio da indústria da construção concordam que existe uma forte concorrência entre as empresas de construção. A comercialização e a atração de clientes nas empresas de construção tornaram-se muito difíceis. Por isso, a utilização de métodos básicos de marketing e de atração de clientes para edifícios em construção pode ser um passo eficaz no seu crescimento. A utilização de estratégias de marketing no sector da construção introduzirá as empresas de construção e promoverá e influenciará o nome da marca entre outros empreiteiros. e as empresas de construção continuarão a examinar estratégias importantes. A utilização dos meios de comunicação da Internet é essencial para as empresas actuais e para o marketing e a atração de clientes para os edifícios em construção. A conceção de um sítio Web moderno e a comunicação em linha com os clientes podem fazer com que tenha mais clientes de todas as regiões e expandir a sua área de trabalho para além da área física da sua presença. A utilização de novos meios de comunicação e a comunicação contínua com os clientes têm um efeito muito positivo. Acima pode ajudar a sua empresa a crescer mais rapidamente, o marketing e a aquisição de clientes. Hoje em dia, o impacto de uma comunicação correta e da orientação para o cliente nas empresas não está escondido de ninguém. Por conseguinte, é melhor acompanhar o crescimento e o desenvolvimento da tecnologia e fornecer um sítio Web que esteja disponível em todos os dispositivos, como o telemóvel, o tablet ou o computador portátil. Para comercializar e atrair clientes para edifícios em construção, pode fornecer notícias, oportunidades e apresentar os novos projectos da empresa em diferentes formatos. Destacar os projectos concluídos e a satisfação dos clientes pode ganhar a sua confiança. Pode preparar novas notícias sobre as fases e os processos dos projectos para dar uma nova oportunidade à empresa de ser vista por pessoas relevantes. Utilização de conteúdos visuais sob a forma de fotografias, vídeos; Animação das ferramentas utilizadas no marketing e na atração de clientes; São a indústria da construção. A utilização destas ferramentas; pode levar a um maior envolvimento com os clientes. A publicação de comentários de clientes pode ajudar; A tornar a sua marca mais conhecida entre as pessoas. A utilização de informações relacionadas com projectos anteriores; e as opiniões dos clientes ajudarão a atrair novos clientes. Para o marketing e a atração de clientes nas empresas de construção civil; deve os valores da sua empresa na área da indústria da construção civil; oferecer aos seus clientes. Os pontos positivos da sua empresa; tais como a licitação competitiva, a rapidez de conclusão do projeto, a utilização de técnicas, materiais ou desenhos inovadores ou materiais e técnicas sustentáveis; a qualidade do trabalho, o aspeto da área de trabalho, a apresentação da equipa e do equipamento da empresa e o cumprimento da segurança na realização dos projectos; apresentar aos clientes. No marketing e na captação de clientes, deve estar sempre atento e procurar; Encontrar uma oportunidade única que o diferencie dos outros concorrentes. corner marketing; Utilizar a parte do mercado que lhe oferece; Diferenciar-se dos outros. Por isso, tem de procurar a localização e a caraterística; ou ser serviços específicos onde há menos concorrentes; ser ativo Usar este truque; Ajuda a agir como um especialista nesta área. A atividade contínua em redes sociais como o Instagram é uma forte estratégia de marketing e de captação de clientes no sector da construção. A publicidade contínua, a utilização de conteúdos de qualidade, a participação ativa e a comunicação e interação eficazes com os clientes nas redes sociais são muito eficazes. Tenha cuidado na criação de conteúdos, disponibilize posts que os clientes interajam consigo. Comentar os clientes e enviar gostos e comentários ou partilhar o seu conteúdo pode ser uma boa publicidade para si. Para comercializar e atrair clientes de edifícios em construção de forma eficaz em empresas de construção, é melhor mostrar o quão profissional é no seu trabalho. . O cumprimento das normas de trabalho, a conclusão bem sucedida de um projeto, a entrega atempada do trabalho e o controlo da qualidade do trabalho são alguns dos aspectos que podem mostrar o seu profissionalismo e responsabilidade no seu trabalho. O marketing e a captação de clientes são essenciais para o sector da construção. . Para apresentar a sua marca e os seus produtos, a base de dados de edifícios em construção aumenta a velocidade do marketing e da comunicação com os clientes, de modo a atraí-los. A este respeito, a Arta Parsian Company proporcionou uma oportunidade para as empresas de construção em vários domínios acelerarem o seu trabalho, fornecendo uma base de dados de edifícios em construção nas províncias do país, tais como projectos em construção em Teerão, projectos em construção em Mashhad. aumento em ligação com a atração de clientes. A empresa Arta Parsian, para além de fornecer uma base de dados de edifícios em construção, prestou muitos serviços de marketing, de atração de clientes e de publicidade. A Modelação da Informação da Construção é utilizada para criar e gerir dados ao longo do ciclo de vida do projeto, desde a conceção, construção e operações. Nesta tecnologia, os dados multidisciplinares são utilizados para criar vistas virtuais detalhadas numa plataforma em nuvem, o que permite aos membros do projeto colaborar em tempo real sem perda de tempo. A Modelação da Informação da Construção (BIM) é uma das tecnologias mais poderosas. Está disponível e é utilizada em todos os tipos de projectos de construção e restauro, tendo sido capaz de transformar bem os métodos tradicionais. O sector da construção tem assistido a muitas mudanças na última década. Desde a introdução de materiais de construção inovadores até ao software de conceção digital, a forma como os projectos de construção são executados mudou drasticamente. A tecnologia digital permite aos engenheiros tomar decisões mais inteligentes sobre a construção de um projeto, resultando em calendários mais eficientes e custos mais baixos. Os projectos de construção são complexos e dispendiosos, mas a tecnologia digital oferece soluções adequadas para esses desafios. O advento das ferramentas de software facilitou aos gestores de projectos o planeamento e a execução de projectos de construção com maior precisão. Existe uma vasta gama de software digital que as empresas de construção utilizam para criar processos mais eficientes e eficazes. Além disso, estas ferramentas melhoram a comunicação sobre as alterações para que não se sobreponham ou entrem em conflito umas com as outras, uma vez que todas as informações estarão disponíveis num único local. Aqui, examinamos cinco ferramentas de software digital que podem ajudar o seu projeto de construção a atingir os seus objectivos. O software de gestão de projectos de construção é uma ferramenta que ajuda os gestores a gerir todo o processo de construção. Organizar, orçamentar e programar. Este software permite que as empresas concluam os projectos mais rapidamente, acompanhando as alterações em tempo real. A digitalização fez com que as empresas abraçassem totalmente as mudanças no sector da construção. Isto tornou mais fácil para os funcionários que trabalham num projeto partilharem informações e colaborarem em documentos. Este software também é utilizado para acompanhar o progresso e o custo de um ou mais projectos. O software de gestão de projectos de construção é distinto da tecnologia utilizada na conceção e nos desenhos de engenharia. No entanto, são frequentemente integrados utilizando tipos de ficheiros compatíveis. A gestão de projectos significa atribuir, controlar e utilizar recursos para atingir determinados objectivos dentro de um determinado prazo. Por este motivo, um projeto necessita de uma gestão adequada para poder ser concluído no momento certo e para lhe ser atribuído o orçamento adequado. O controlo do projeto é o elemento que garante que o projeto é concluído a tempo e dentro do orçamento. Globalmente, o impacto do sucesso da função de controlo do projeto é inegável, uma vez que fornece informações precisas e atempadas à equipa de gestão do projeto, permitindo-lhe tomar decisões informadas e tomar medidas para corrigir eventuais tendências negativas. A gestão do controlo do projeto é conhecida como uma das bases básicas e vitais do projeto. A pessoa que desempenha as funções de gestor de controlo do projeto é conhecida como o braço direito do gestor do projeto. O gestor de controlo do projeto define os objectivos do projeto, revê os orçamentos previstos, acompanha o progresso do projeto e um calendário eficaz. Cria para melhorar o progresso do projeto. A gestão de projectos e a gestão de controlo de projectos trabalham em conjunto para melhorar o projeto de construção. Além disso, o acesso a formação avançada em contabilidade e software relacionado e a formação útil em gestão de projectos podem ajudar as pessoas a progredir na carreira de um departamento de controlo de projectos. . Há muitas maneiras de conseguir um emprego chamado gestão de controlo de projectos, que pode variar em função do tipo de projeto, etc. As estruturas metálicas são estruturas de engenharia que utilizam metais como principais materiais estruturais. Estas estruturas incluem diferentes tipos de edifícios e equipamentos que são concebidos e implementados em diferentes aspectos, tais como resistência, flexibilidade e leveza. As estruturas metálicas podem aparecer sob a forma de pontes, edifícios, torres, pavilhões industriais e até equipamentos marítimos, como as plataformas petrolíferas. Estas estruturas são muitas vezes feitas de metais como o aço, o alumínio e a ferraria. Gestão inteligente de projectos de construção A gestão inteligente de projectos de construção é um processo que supervisiona o planeamento, a organização, a execução e o controlo de um projeto de construção inteligente. Por isso, preste atenção a estes pontos; - Defina claramente os objectivos e os requisitos do projeto desde o início. Pode parecer estranho para si, mas com todo este planeamento, esqueceu-se do mais importante: os clientes! Quando concentrou toda a sua atenção nos conhecimentos e na tecnologia e na utilização dos melhores métodos na sua área de atividade, negligenciou o facto de que investir em conhecer e atrair clientes é tão importante como investir em conhecimentos e competências. É o que fazem, desde os electricistas aos carpinteiros. É verdade que a competência está em primeiro lugar neste sector, mas é preciso expor-se aos clientes. Os métodos de atração de clientes em empresas de contratação e de projectos ajudá-lo-ão a utilizar corretamente os canais de marketing, apesar da elevada concorrência no seu mercado de trabalho. Não é mau falar um pouco sobre a estratégia de atração de clientes nas empresas contratantes. Primeiro, vamos ver porque é que devemos investir em formas de aumentar os clientes. Não importa o quão bom você aparenta ser na sua empresa e ramo de atividade. Se não tiver estratégias para atrair clientes para a sua própria empresa ou projeto - tal como no cenário acima - não conseguirá ter sucesso. Nenhuma empresa pode prosperar sem clientes. É por isso que todas as empresas estão a tentar atrair mais clientes e utilizam métodos diferentes. Isto aumentará o conhecimento da marca. Quando mais pessoas conhecem a sua empresa, podem apresentá-la a outras. Isto irá aumentar o seu rendimento e criar confiança nas oportunidades de venda. É por isso que aumentar o número de clientes é muito importante para as empresas contratantes e de projectos. Atrair clientes no nosso país - devido às condições económicas, etc. - é duplamente importante. Muitas empresas de contratação e de projectos enfrentam inúmeros desafios no exercício das suas actividades. Por exemplo, algumas pessoas tentam ganhar os concursos de qualquer maneira. Não existem leis, autoridade e supervisão adequada e precisa sobre o desempenho das organizações, e até o governo se atrasa no pagamento das facturas das empresas de construção e de projectos. Se é o gestor de uma empresa de construção, o processo de marketing online da indústria da construção pode ser uma questão importante e desafiante para a sua empresa, porque é necessário seguir diferentes fases de trabalho para melhorar as vendas da empresa. A formulação de uma estratégia de marketing na Internet requer conhecimentos especializados. No artigo sobre marketing no sector da construção, mencionámos pontos importantes relativos à formulação de uma estratégia geral de marketing para empresas de construção. O marketing na Internet é um termo que se tornou popular entre os profissionais de marketing após a expansão da Internet e o desenvolvimento da tecnologia e, em particular, entre os activistas na área da publicidade. Quando se ouve o termo Marketing na Internet ou marketing em linha, provavelmente a primeira coisa que nos vem à cabeça é a conceção de sítios Web ou redes sociais ou sítios de anúncios por clique. É claro que todas estas coisas são aceitáveis para a publicidade na Internet, e cada uma delas é como uma peça do puzzle do marketing na Internet, que juntas criam um conjunto abrangente e extenso, que conhecemos como marketing na Internet. Internet ou marketing digital. O marketing digital inclui qualquer tipo de publicidade a produtos e serviços e até mesmo a marcas no espaço da Internet. Estes anúncios podem ser sob a forma de imagens, vídeos e conteúdos textuais. Antes de iniciar o processo de marketing na Internet, deve ser desenvolvida uma estratégia básica para o mesmo, de forma a evitar o desperdício de custos de publicidade na Internet e conseguir atingir os objectivos definidos com o menor custo, sendo que o desenvolvimento de uma estratégia de marketing na Internet é diferente para cada empresa de construção civil e deve Considerando os objectivos da empresa, o público e clientes da empresa, e o tipo de produtos e serviços, determinou a estratégia correta para cada empresa. A utilização do marketing digital no sector da construção traz muitos benefícios às empresas de construção e, com a ajuda do marketing online, é possível atrair muitos públicos e clientes e fidelizá-los aos serviços e produtos da sua organização. É por isso que as empresas de construção bem sucedidas utilizam o marketing na Internet para progredirem no sector da construção. Além disso, o marketing na Internet ajuda-o a criar um portefólio mais útil e valioso para os seus clientes. Porque pode criar uma relação mais próxima com o seu público e clientes e, claro, terá a oportunidade de conhecer melhor os seus clientes e aprender sobre as suas necessidades e objectivos e oferecer os seus produtos e serviços com base nas necessidades e objectivos dos seus clientes. Os clientes tornam-se melhores e isso torna os interesses da empresa mais rentáveis e sustentáveis. Ao contrário do marketing tradicional, em que não é possível enviar mensagens publicitárias para o público-alvo, e os anúncios têm de ser expostos a toda a gente; no marketing na Internet, tem a possibilidade de enviar mensagens publicitárias apenas para as pessoas que são o público-alvo da sua empresa, poupando assim os custos da empresa e, por outro lado, atraindo mais clientes a partir desses anúncios. Anunciar em diferentes sites, tem a oportunidade de escolher sites para anunciar que estejam diretamente relacionados com a atividade da sua empresa de construção, sendo que o público desses sites são exatamente aqueles que podem ser os clientes da sua empresa. Além disso, durante os anúncios de cliques extensos, é possível apresentar os seus anúncios apenas em sítios relacionados com o tema do seu anúncio. Por conseguinte, serão propostas reuniões aos amigos e dignitários interessados, o que pode parecer paradoxal com os seus paradigmas mentais no início, mas conduzirá gradualmente à deslocação dos paradigmas mentais, o que permitirá aos participantes adaptarem-se aos desenvolvimentos das revoluções digitais sob a forma de trabalhos. Proporcionará o sector e o ativo. E, por fim, permitirá participar no desenvolvimento pessoal e social, fazendo as escolhas certas e com menos ansiedade, e, ao reduzir o custo de troca das acções profissionais, podemos também usufruir do percurso das actividades de engenharia. É importante entender a ferramenta de desenvolvimento mais poderosa do mundo nas próximas décadas, que é a inteligência artificial. Por isso, convida todos os amigos e dignitários interessados para esta agradável viagem. O carro era originalmente um slogan do velho para uma ferramenta que, ao pisar nela, terminava o trabalho que não podia ser feito pelo homem. Na era da terceira e subsequente quarta revolução industrial, a máquina passou de uma forma dura para uma forma suave e, com o poder das redes neuronais profundas e o poder cada vez maior dos computadores no armazenamento e processamento de dados e a possibilidade de aprendizagem, encontrou-se nos sistemas de resolução de problemas. O homem colocou uma máquina que entra nas coisas e faz o trabalho. Uma dessas máquinas é a inteligência artificial, que tem três níveis: a inteligência artificial fraca (instrumental), a inteligência artificial forte (analisadora de grandes volumes de dados, aprendiz e decisora e equiparada ao ser humano) e a inteligência artificial geral (que tem praticamente todas as capacidades do cérebro humano em multidimensionalidade). e comanda o homem). Atualmente, a humanidade entrou no domínio da inteligência artificial forte, e as estimativas indicam um processo de 25 a 30 anos para entrar no domínio da inteligência artificial geral.

Ao ultrapassar os limiares das capacidades humanas e ao cooperar com os humanos com o objetivo de evolução e melhoria da produtividade, de redução contínua dos custos de transação e, simultaneamente, se for ético, de promoção e sustentabilidade do bem-estar humano, a inteligência artificial conseguiu a criação de uma nova entidade, a que hoje se chama cloud. Diz-se a mente. No futuro, a supermente ou homem-máquina, independentemente dos seus métodos activos, conseguirá dominar muitas áreas da vida humana, o que provavelmente terá consequências amplas e profundas na vida humana. A ansiedade económica é uma das mais importantes dessas consequências e está a espalhar-se por todos os grupos etários e de rendimentos. São apresentados métodos para evitar a propagação excessiva desta epidemia do século. Métodos para reduzir a ansiedade económica causada pela eliminação de 30% dos postos de trabalho existentes e pela sua substituição por máquinas e pela eliminação de 30% das tarefas de 60% dos futuros postos de trabalho, que conduzirão a um desemprego humano generalizado. A mudança dos métodos educativos, o ensino permanente de novas competências e a compreensão da necessidade de aprendizagem ao longo da vida são pontos importantes a que as sociedades humanas se devem preparar para se adaptarem o mais rapidamente possível e antes que surjam problemas. No final, constata-se que a questão moral resultante da responsabilidade de decisão e de ação continua a ser exclusivamente da responsabilidade do ser humano. Prestando atenção à nova e evoluída relação entre o homem e a empresa na era da inteligência artificial, lidando com a construção e a gestão de projectos, especialmente no domínio dos mega-projectos, cadeias de fornecimento de construção, cadeia de fornecimento de mega-projectos, economia empresarial e de projectos baseada em conceitos de plataforma e inteligência. A artificialidade e a digitalização serão objeto de especial atenção nesta cadeia de encontros. Por conseguinte, temos a certeza de que terá um impacto muito eficaz nas decisões futuras e no tipo de visão global dos engenheiros para compreender o campo do desenvolvimento na perspetiva da gestão da construção e da gestão de projectos dos participantes. As novas tecnologias criam novas oportunidades de emprego. Do ponto de vista do marketing, devo dizer que negligenciar as novas tecnologias é negligenciar as oportunidades de venda. Na verdade, a maioria das novas tecnologias que podemos utilizar no Irão são tecnologias de comunicação (porque temos grandes problemas no domínio da utilização de tecnologias industriais! O foco deste artigo é a tecnologia de realidade virtual e a utilização comercial da realidade virtual na construção de edifícios, na apresentação de projectos de arquitetura e na promoção de marcas de edifícios. A indústria da construção é tão grande e profunda que nem tudo se resume a vendas e marketing (nenhum negócio se resume a vendas. e o marketing não pode ser resumido) mas, no final, o sucesso na construção pode resumir-se a duas coisas: primeiro: oportunismo; e construir um edifício no sítio certo com a utilização certa. Segundo: sucesso nas vendas; a utilização de uma boa rede comercial, a utilização de um consultor de vendas adequado, a eficiência na utilização de novas ferramentas de vendas e a engenharia de vendas. Estes dois pontos são das palavras de alguém que não está longe da construção e que conhece, em certa medida, os seus problemas e desafios. aceitar O design arquitetónico e o marketing da construção entraram numa nova fase. A fotografia de 360 graus e as visitas de realidade virtual afectaram grandemente as vendas no sector da construção. Um dos segredos mais importantes do sucesso nas vendas é o facto de o cliente poder imaginar a sua situação após a compra. Quanto melhor fizer esta ilustração, melhor venderá o seu projeto arquitetónico ou edifício. Arquitectos, construtores e investidores, até mesmo redes de comércio imobiliário e empresas activas no domínio imobiliário, podem utilizar esta nova ferramenta para uma introdução eficaz, publicidade e promoção da venda do edifício. Não se esqueça de que esta utilização não é apenas uma tecnologia. Pelo contrário, trata-se de aproveitar o potencial e a criatividade dos jovens que estão habituados à tecnologia e que podem ter um negócio útil para si próprios desta forma, o que contribuirá para a prosperidade do mercado da construção e da engenharia, para a venda de imóveis comerciais e residenciais, bem como para a venda de projectos de arquitetura. O problema básico da venda em arquitetura e construção é a falta de uma ideia do trabalho final. De facto, esta é a utilização comercial da realidade virtual para simular a realidade; a partir do que está atualmente apenas desenhado e planeado para ser construído e isto é muito eficiente e eficaz na venda de projectos de arquitetura e projectos de construção. A indústria da construção de edifícios e da arquitetura tem sido e continua a ser uma das indústrias mais populares desde a antiguidade, porque fornece uma das necessidades humanas mais importantes, ou seja, a habitação. Prestar especial atenção ao tipo de arquitetura das casas e dos edifícios tem sido de grande interesse para as pessoas desde o início e, com o passar do tempo e o aparecimento de novos métodos e métodos na arquitetura e na construção, o mercado competitivo entre arquitectos e empresas que prestam serviços de arquitetura está a aumentar de dia para dia. A concorrência entre os arquitectos e as empresas que prestam serviços de arquitetura aumenta de dia para dia e as empresas procuram ser bem sucedidas e ultrapassar os seus concorrentes na prestação de serviços e na atração dos seus clientes, mas para atrair clientes é necessário que os serviços sejam bem conhecidos pelos clientes e que, além disso, as necessidades do público e dos clientes sejam bem conhecidas para que, de acordo com elas, seja possível fornecer-lhes as informações e os serviços de que necessitam. Por conseguinte, a utilização de um sistema abrangente e completo para recolher e arquivar todas as informações com a possibilidade de acesso rápido é uma exigência de qualquer empresa ou organização. Para além disso, acelerar os processos de projeto e gerir os desafios de vendas, marketing, financeiros, etc. é também uma tarefa muito difícil e, juntamente com a gestão de clientes, os gestores de empresas e os gabinetes de prestação de serviços de arquitetura também têm de enfrentar estes desafios. Por isso, precisam de um sistema abrangente e de uma plataforma integrada para poderem organizar da melhor forma todos os assuntos relacionados com a sua atividade. O software ERP é um sistema abrangente e integrado que, com todas as caraterísticas e funcionalidades necessárias no mercado competitivo dos dias de hoje, vem em auxílio dos activistas na área da arquitetura e da construção. Oferecemos ERP aos nossos estimados clientes. A solução ERP completa fornece-lhe tudo o que necessita em relação a uma melhor gestão da sua empresa. Hoje, estamos ao seu dispor com um tema muito importante e atrativo no domínio da arquitetura e da construção e da gestão de projectos de construção. Neste artigo, pretendemos analisar e discutir a "conceção, execução, gestão de contratos e cálculos de construção". Esta importante questão é importante de diferentes formas em todas as fases da construção de um edifício e, consequentemente, tem um efeito direto e vital na qualidade e no sucesso de um projeto de construção desde o início até ao fim. Junte-se a Hazare nesta incrível viagem ao complexo e excitante mundo da arquitetura e entre na construção. A gestão de projectos de construção e arquitetura, como uma das grandes e dinâmicas indústrias, sempre atraiu uma atenção especial. Por um lado, esta indústria oferece muitas oportunidades para criar beleza, eficiência e ambientes saudáveis e sustentáveis e, por outro lado, desempenha um papel importante no desenvolvimento e crescimento económico e social das sociedades.

Devido à grande importância desta indústria, a gestão correta dos projectos de construção, a conceção precisa dos edifícios, os cálculos técnicos corretos e a sua implementação atempada e orientada para a qualidade tornam-se mais importantes. Neste artigo, faremos uma análise profunda e abrangente de todos estes aspectos. Ao entrar no mercado da construção, espera-se que todas as pessoas e empresas de arquitetura ou construção entrem neste caminho cheio de desafios e oportunidades. Como Hazara Architecture Group, estamos prontos para o acompanhar neste caminho e ajudá-lo a alcançar os melhores resultados nos seus projectos, fornecendo serviços distintos e profissionais no campo da gestão de projectos de construção, design de edifícios, cálculos técnicos e implementação. A gestão de projectos de construção, como um dos aspectos-chave na indústria da construção, inclui o processo de planeamento, controlo e liderança de projectos de construção. O principal objetivo desta gestão é obter os resultados desejados através da utilização dos recursos disponíveis dentro dos limites de tempo e orçamento. Além disso, a gestão de projectos de construção melhora a qualidade do trabalho, reduz os custos e aumenta a produtividade. O papel de um gestor de projectos é muito importante neste processo. Ele é responsável pela execução dos planos, pelo controlo dos recursos, pela gestão dos riscos e pela comunicação com todos os membros da equipa. A comunicação cultural é um desafio importante na gestão de projectos de construção realizados em ambientes multiculturais. Diferentes variáveis culturais podem levar a problemas de comunicação e, consequentemente, a uma diminuição da qualidade do projeto e a um aumento dos custos. Para resolver este desafio, a comunicação cultural entre os membros da equipa é muito importante. Métodos como a formação cultural, a utilização de tradutores profissionais e a atenção às questões culturais no processo de comunicação são utilizados para resolver estes desafios e maximizar a coordenação da equipa. Nesta secção, são examinados os princípios básicos e os fundamentos da conceção arquitetónica. A conceção de um edifício significa planear e conceber os espaços interiores e exteriores do edifício de forma a que, para além de satisfazer as necessidades práticas, seja possível atrair gostos artísticos e criar beleza. Aqui, são explorados conceitos como o equilíbrio, a adequação, a facilidade de utilização, a segurança e a produtividade. Além disso, é também discutido o efeito do design no processo de construção e, finalmente, na utilização final do edifício. Nesta secção, é discutida a importância de envolver elementos culturais na conceção do edifício. A cultura local e a identidade de uma comunidade é um dos factores importantes a ter em conta na conceção de um edifício. A utilização de elementos culturais, tais como papéis arquitectónicos, cores, padrões e símbolos na conceção, ajuda a influenciar a atratividade e a identidade do edifício. É aqui que o conhecimento e a compreensão corretos dos valores, crenças e tradições locais ajudam os projectistas a construir edifícios que estejam em harmonia com o ambiente circundante e a cultura da sociedade e que tenham uma relação eficaz com eles. Nesta secção, é abordada a importância dos cálculos técnicos no planeamento e execução de projectos de construção. Cálculos precisos desempenham um papel vital em todas as fases de um projeto, desde a identificação de requisitos e orçamentação até ao controlo de qualidade e segurança. Garantir a exatidão dos cálculos ajuda a cumprir as normas e regulamentos técnicos, bem como a aumentar a eficiência do processo de construção. Nesta secção, é abordada a introdução de ferramentas digitais e de software que ajudam a efetuar cálculos técnicos na indústria da construção. Estas ferramentas e software estão entre os métodos que ajudam a aumentar a precisão e a eficiência na realização de cálculos. A utilização da tecnologia oferece mais possibilidades de cálculos precisos e mais rápidos e, em última análise, ajuda a melhorar a qualidade e a eficiência dos projectos de construção. Nesta secção, são abordadas as etapas e o processo necessários para transformar os projectos de arquitetura em edifícios físicos. Inclui actividades como a elaboração de planos de construção, a seleção de materiais de construção, a contratação de peritos e trabalhadores e a coordenação entre vários indivíduos e equipas para a execução adequada do projeto. Além disso, a coordenação entre diferentes pessoas durante o processo de execução é muito importante para garantir a melhoria da qualidade e da eficiência do projeto. Quando existem concorrentes em qualquer sector ou outras pessoas na sua profissão, deve ser dada especial atenção aos estudos de mercado no domínio do projeto em questão. De facto, sempre que um projeto é suposto incluir um produto ou um resultado, e este produto é colocado entre produtos e resultados semelhantes ao seu próprio projeto, cria-se concorrência. Por conseguinte, devem ser realizados estudos de mercado para compreender as necessidades e a posição do projeto no ambiente. Auto-identificação. Os estudos de mercado do sector da construção também revelam conhecimentos sobre os comportamentos dos consumidores e das empresas, novos materiais, cenários competitivos e mudanças nas regras do mercado. Os estudos de mercado na indústria da construção são úteis e eficazes para todos os projectos, desde projectos residenciais de pequena escala a projectos de grande escala, e sempre que quisermos fazer progressos positivos com confiança no investimento em projectos de construção e reduzir custos com confiança. e aumentar os rendimentos, devemos realizar o processo de estudos de mercado corretamente. De facto, nos projectos de construção de grandes dimensões, são realizados estudos baseados em planos e estratégias para reduzir os custos e maximizar a eficiência. É muito importante. Na maioria dos casos, podem ser definidos certos componentes para medir o mercado de cada projeto. Por exemplo, na construção de edifícios numa determinada zona, deve considerar-se que os edifícios com uma fachada de estilo moderno ou clássico ou com que metragem quadrada são procurados. Há mais compra para isso. Mas no processo de estudos de mercado, existe uma comunicação eficaz entre a equipa de consultores de seguros e o empregador ou investidor do projeto, de tal forma que antes da construção do projeto, é o resultado dos estudos de mercado que permite conhecer a viabilidade inicial do projeto. Vamos anunciar a nossa opinião definitiva. A este respeito, a investigação qualitativa examina continuamente todas as opiniões, métodos e comportamentos do mercado e testa porquê e como estas componentes afectam a construção do projeto. Examina as necessidades dos utilizadores finais ou clientes e os produtos alternativos e concorrentes em cada área. De facto, as componentes mencionadas são as razões básicas na decisão de compra dos utilizadores e, consequentemente, na obtenção de mais dinheiro para os investidores. A indústria da construção inclui sempre em todas as fases decisões difíceis e complexas quando se consideram os estudos de mercado, e as estratégias de desenvolvimento nesta indústria enfrentaram sempre desafios devido às suas várias e grandes dimensões. As estratégias de investigação neste domínio são a posição da empresa no mercado e a sua relação. Com os concorrentes e as diferentes indústrias, examina o ciclo de fornecimento e os canais de distribuição. A fim de implementar um projeto no tempo e custo previstos de acordo com os recursos humanos atribuídos, os estudos de mercado devem ser realizados na íntegra como uma parte que ajuda a obter respostas definitivas sobre a viabilidade do projeto. Através destes estudos, os riscos, os aspectos negativos e as ameaças do projeto atingem o limite e as decisões certas são tomadas no momento certo. Mas o método que adoptámos para estes estudos é o conhecimento detalhado das informações e decisões dos concorrentes na área de investimento relevante e o conhecimento de outros factores determinantes do comportamento do mercado. Mas no final, toda a informação obtida com os estudos de mercado é apresentada numa estrutura organizada e fornecendo gráficos e dashboards de análise da informação para uma mais rápida gestão e compreensão da informação. A nossa equipa de engenheiros consultores está apta a utilizar a elevada experiência e competências que possui no sector da construção para apresentar ideias de acordo com as análises efectuadas. Desta forma, o empregador tem a garantia de atingir os seus objectivos. Os estudos de mercado determinam o foco e a direção correta do projeto. Além disso, antes de iniciar o projeto, o empregador obtém um conhecimento completo das necessidades dos clientes e dos utilizadores finais do projeto. Para além destas oportunidades e desafios do projeto que enfrentamos na construção do projeto e que afectam o calendário e as questões de custo, são definidos e revistos de forma clara e completa. As análises e estudos de mercado permitem que as empresas e os investidores no sector da construção se movam em relação aos seus objectivos comerciais, pelo que lhes é possível determinar, com um plano, os seus grandes e últimos objectivos para obterem rendimentos significativos e valor acrescentado. O marketing profissional para empresas de construção depende do estabelecimento de relações com os clientes online e offline. Em muitos casos, para encontrar clientes é necessário ter uma rede sólida de clientes anteriores que o ajudem a encontrar novos clientes. Mas também é possível encontrar novos clientes no sector da construção utilizando a publicidade e o marketing na Internet e os anúncios publicados no mundo virtual. Para o ajudar a utilizar estes métodos e outras estratégias, aqui na Basparmag, vamos analisar ideias novas e criativas no marketing para empresas de construção. Todos nós sabemos da importância das redes sociais. Mas será que está a usar a sua plataforma em todo o seu potencial? Pode poupar o seu tempo e manter-se em contacto com especialistas, mantendo as suas redes sociais activas. Estas pessoas fornecer-lhe-ão excelentes conteúdos para publicar online. Estas redes sociais podem ser o Facebook, o Twitter ou o Instagram. Estes especialistas em produção de conteúdos também verificam o desempenho das suas páginas no espaço virtual. Com isto, estará sempre a par do seu desempenho. Para isso, consulte pessoas com conhecimento na área. Uma forma simples, mas geralmente negligenciada, de comercializar no ramo da construção civil é seguir os líderes desse mercado junto com os clientes. Muitos empreiteiros estão ocupados com as tarefas diárias e estão normalmente ocupados. Nessa altura, podem perder-se grandes oportunidades. Deve seguir os líderes deste sector. Por outro lado, deve procurar os seus clientes e verificar o seu estado para ver se os pode ajudar mesmo depois de terminada a obra. Os clientes serão afectados pelo seu contacto após a conclusão da obra. E isso ajudará a sua carreira a progredir. Se os clientes estiverem satisfeitos com o seu trabalho, pode pedir-lhes que indiquem novos clientes. Uma ferramenta de gestão da relação com o cliente pode ajudá-lo a planear uma melhor comunicação com os clientes em qualquer altura. Com estes planos, pode sempre prestar melhores serviços aos seus clientes. De outro ângulo, pode dizer-se que as empresas de construção importantes se concentram na realização de um projeto específico e importante que pode estar relacionado com a propriedade. A vida pessoal das pessoas numa rua movimentada, a construção de escolas especiais ou a realização de trabalhos de construção nas grandes cidades. Ao realizar estes projectos da melhor forma, as empresas de construção podem negociar com novos clientes as suas condições de trabalho e podem dizer-lhes que são bem conhecidas no mercado da indústria da construção. E que estão a concluir grandes projectos. Com isto, será muito mais fácil encontrar novos clientes. O correio eletrónico é uma forma útil de fornecer os dados necessários aos clientes existentes. Além disso, os potenciais clientes podem obter mais informações sobre si por correio eletrónico. Podem confiar em si e escolhê-lo como um especialista para os seus projectos. O ponto que quero salientar está relacionado com a utilização de e-mails de marketing de construção adequados para atrair a atenção dos clientes e ganhar a sua confiança. Ao pagar uma taxa mensal, poderá utilizar um software de marketing por correio eletrónico para a sua empresa de construção. Este inclui ferramentas para iniciar novas campanhas de correio eletrónico e enviar novas newsletters. O envio automatizado de correio eletrónico pode ajudar a sua empresa a fazer coisas no marketing da construção. Uma forma recomendada de marketing que pode atrair muitos clientes é contactar exposições relacionadas com a indústria da construção. Esta é uma das melhores e mais seguras formas para si. Uma das vantagens mais importantes deste trabalho é que diferentes classes de pessoas virão até si com diferentes necessidades. Algumas delas podem estar à procura de uma decoração bonita no interior do edifício ou à procura de instalações modernas ou similares. É por isso que deve esforçar-se por captar a sua atenção. O desafio aqui é talvez o elevado custo de contactar exposições. Mas se confiar no retorno do seu investimento ao atrair clientes, pode finalmente obter mais lucro. O alvo são aqueles que o contactaram e que, com o conhecimento que têm de si, podem fornecer-lhe os melhores anúncios nas redes sociais e de pesquisa. Os clientes que lhe telefonam gastam 32% mais dinheiro do que os clientes que não telefonam. Quando alguém lhe telefona, significa que quer interagir consigo e que se apercebeu do seu valor. Os profissionais de marketing activos no sector da construção podem atingir mais cedo o seu objetivo de encontrar os melhores clientes a partir dos dados disponíveis no campo das chamadas que lhes são feitas. Quando alguém o contacta, se for uma pessoa de referência no mercado da indústria da construção, de acordo com este artigo, pode lançar novas campanhas com custos mais baixos. Expanda o seu mercado e encontre novos clientes como os Clientes que estão a liderar. Separe os clientes que não estão a liderar o mercado ou que vieram ter consigo depois de verem as campanhas, para que possa encontrar melhor clientes importantes e avançados. É possível encontrar pessoas idosas que querem permanecer nas suas casas antigas. são Pode reparar e modificar as suas casas. Locais como os telhados, as escadas, os elevadores, a cozinha e a casa de banho são locais que podem ser melhorados ou reparados. Pode enviar-lhes um e-mail ou utilizar o Facebook. Envie-lhes as suas sugestões desta forma. Talvez os consiga atrair como novos clientes para a sua empresa. Nenhuma estratégia de marketing pode funcionar bem se não for bom a atender as chamadas. Cerca de metade das chamadas para as pequenas empresas ficam sem resposta. Este facto fará com que todos os esforços de marketing falhem. Muitas oportunidades serão perdidas nesta altura. Para além de atender as chamadas, analisou-as para melhorar a tomada de decisões. Na maioria das vezes, há uma escola, organização ou grupo comunitário local que, por exemplo, tem uma equipa desportiva para crianças e precisa de um patrocinador. Ofereça-se para melhorar a situação da equipa, colocando o seu logótipo no lugar da equipa. Se tiver pessoal suficiente para uma equipa, pode ter uma equipa grande. Pode aproveitar as oportunidades disponíveis para uma competição animada com a participação de parceiros e clientes. Não se esqueça de fazer destes concursos os concursos anuais que patrocina. Um dos erros que vejo no marketing da construção é que as empresas tentam apresentar-se como qualquer coisa para qualquer pessoa. Se o seu cartaz, página inicial ou páginas de entrada apenas tiverem uma lista de serviços prestados por si, não é diferente das outras empresas neste aspeto. As pessoas não se vão lembrar de uma empresa de construção só porque ela presta um serviço qualquer. Mas lembrar-se-ão bem de uma empresa que presta um serviço especial aos clientes. O registo e a publicação de anúncios especiais e direcionados podem trazer-lhe mais clientes. Evite listar demasiados serviços para os clientes nas suas páginas de destino. Por exemplo, se eu quiser renovar o rés do chão e a sua empresa me disser que o faz em 11 dias e a qualidade do trabalho. Mostre-me, posso voltar a ignorar o seu anúncio. Vou sentir-me atraído pela sua empresa como cliente. E talvez possam adivinhar que, na próxima ronda, quando precisarmos de construir um edifício, vocês serão a nossa opção preferida de escolha entre as empresas. O meu conselho é que escolham uma instituição de caridade local para este projeto. Nesta altura, podem utilizar novas ideias na indústria da construção e as vossas competências de construção. Pode utilizar o seu pessoal nos dias úteis para este efeito. Pode avisar os jornais locais com antecedência sobre o que vai acontecer para que possam fazer a cobertura. Eles podem enviar os seus repórteres para o local para cobrir a forma como a sua empresa apoia a comunidade. Depois, dê uma entrevista aos jornalistas. Histórias como esta podem ser reflectidas em muitos canais e redes locais. Esta sua intenção benevolente, juntamente com o seu reflexo nos meios de comunicação social, pode trazer muito tráfego para o seu sítio Web. Isto pode levar a um aumento da sua classificação no Google entre as empresas de construção na sua área de atividade num futuro próximo. E pode fazer mais contratos no domínio das actividades de construção com outros. Por muito bom que seja o seu marketing, um sítio Web pouco profissional pode prejudicar a sua reputação e afastar novos clientes. Um sítio Web profissional mostra que fez um bom trabalho na descrição dos seus serviços. Este sítio Web pode ajudar o seu marketing em linha, indicando as suas actividades jurídicas. Também lhe permite mostrar os melhores projectos de construção que implementou ou está a implementar atualmente. Pode até encontrar sites que lhe dão domínios gratuitos por uma pequena quantia de dinheiro (embora não seja altamente recomendado) e utilizá-los como uma poderosa ferramenta de marketing na indústria da construção. Muitos dos nossos clientes Utilizam estruturas temporárias. Uma das maiores vantagens das estruturas temporárias é a possibilidade de as utilizar para se apresentar. As empresas de construção podem utilizar estas estruturas temporárias para se apresentarem durante a construção. Se a construção continuar durante dois anos, as empresas de construção terão acesso a uma ferramenta para publicar anúncios de marketing durante dois anos com este método. Imagine que, em vez de utilizar estruturas temporárias, pretende utilizar um painel publicitário e quanto terá de pagar por ele. Depois de publicarmos o guia, submetemo-lo à Wikipédia, que foi rapidamente aceite. Atualmente, o guia está a receber muito tráfego. A maior parte deste tráfego transforma-se em vendas para a nossa empresa. Ter um conteúdo que a Wikipédia mostra significa que a sua empresa é de confiança e dá sinais aos clientes para confiarem mais em si. A chave para o marketing de construção é utilizar coisas como postais grandes ou e-mails prioritários que os clientes vejam. Para o fazer, é necessário enviar mensagens de correio eletrónico direcionadas pelo menos três vezes ao longo de seis semanas para ver se isso tem impacto no seu marketing. Mas porquê três vezes? Pense onde está e quando verifica o seu correio eletrónico. Talvez esteja na cozinha ou a trabalhar noutro sítio. Quando um e-mail é enviado para si três vezes, acaba por parar e interromper o que está a fazer para verificar o e-mail. Uma coisa interessante que recomendo sempre é fazer uma campanha nas redes sociais para pessoas com A casa está nas cidades-alvo. Fiz estas campanhas até agora e nelas disse ao público que estava disposto a fazer um orçamento para melhorar o estado das suas casas gratuitamente e até para as primeiras cinco pessoas que pedissem um orçamento do custo da reconstrução da sua casa. Também pensei num prémio. Esta é uma boa forma de apresentar a sua empresa na cidade onde opera e pode fazer com que esta campanha seja partilhada pelos utilizadores das redes sociais. Ter um logótipo pessoal para uma marca pode ser uma parte importante da forma de apresentar a marca às pessoas. Também é possível criar um logótipo memorável e poderoso utilizando designers de logótipos. Isto pode acontecer com um custo reduzido. Também pode ver exemplos de logótipos de sucesso no ciberespaço.

Considerando que os projectos de construção levam muito tempo a concluir, uma ideia de marketing é obter a perspetiva do cliente. Por outro lado, os clientes que estão satisfeitos com o seu desempenho podem utilizá-lo em projectos futuros. Deve prestar bastante atenção a este facto. Os clientes satisfeitos podem aumentar os seus futuros clientes. Plataformas como o Yelp têm as suas próprias diretrizes sobre a forma como pode solicitar e publicar críticas. Por isso, pode ler uma cópia das mesmas nestas plataformas antes de pedir a opinião dos clientes. Deve também certificar-se de que responde a quaisquer comentários negativos de forma adequada e imediata, para que o litígio entre si e o cliente não acabe por ser bem resolvido. Porque esta é a melhor forma de mostrar que a sua empresa está atenta às necessidades dos clientes e que fará tudo o que estiver ao seu alcance para os satisfazer. Com o trabalho que temos feito com vários clientes no sector da construção, as histórias de sucesso ajudam-nos muito. Uma empresa pode entrevistar um cliente que esteja satisfeito com o serviço recebido e falar sobre o projeto e os seus resultados. Perguntas como se o projeto foi concluído a tempo e coisas do género podem fornecer-lhe uma história de sucesso para apresentar a outros clientes. A resposta a estas perguntas pode ser utilizada para colocar a história no sítio Web da empresa Uma imagem do edifício acabado pode ser acrescentada a esta história nesta altura. Por vezes, estas histórias podem ser utilizadas como reportagens noutros sites relacionados com a indústria da construção, ao mesmo tempo que apresentam os nossos serviços, o que pode criar um conteúdo eficaz e Quando estava a tentar criar conteúdo para o edifício, consegui fazê-lo utilizando sites como o APART e o PINTEREST. Uma boa produção de vídeo pode ajudar muito neste sentido. Também pode utilizar o Pinterest na sua empresa para publicar conteúdos. Esta pode ser uma oportunidade para mostrar a sua capacidade de melhorar o conteúdo de uma forma simples. A capacidade dos espectadores destes conteúdos nestes sites, em partilhá-los, é mais do que se pode falar. No final de cada bom vídeo que tenha produzido nesta altura, pode encorajar o cliente ou utilizador a responder, dizendo algo como ligue para este número ou visite o nosso site. Qualquer pessoa no sector da construção pode utilizar um blogue para dar informações sobre si próprio. Informações sobre os tipos de projectos em que está a trabalhar. Os clientes desta indústria pesquisam muito para encontrar a opção certa e um blogue pode ser uma parte do seu planeamento que pode atrair mais clientes com a ajuda das informações fornecidas. Uma das coisas que o Google tem para si é o serviço local do Google Ads. Esta ferramenta é um tipo de marketing baseado na pesquisa em que tem de pagar para ser colocado no topo de outros anúncios. Com este serviço, pode apresentar-se aos clientes e encontrar mais facilmente os números e os sítios Web das empresas. Para obter uma melhor classificação nas listas do Google utilizando esta ferramenta, deve atualizar a informação nas páginas de carga. Por outro lado, deve responder bem aos clientes e utilizadores e refletir bem as suas opiniões. Concentre-se em dados úteis que sejam úteis para o público. Mesmo que essas audiências nunca se tornem seus clientes. Pode organizar webinars para que as pessoas contem histórias sobre o sector da construção. Estes webinars não têm necessariamente como objetivo incentivar o público a comprar os nossos produtos e serviços. Outra tática é utilizar questionários e calculadoras em linha. Estamos atualmente a utilizá-los para um cliente. Desta forma, utilizamos calculadoras para promover anúncios no espaço virtual. Neste questionário, o utilizador faz algumas perguntas e recebe a sua resposta por e-mail. Dependendo das questões colocadas, obtêm-se diferentes resultados que podem ser enviados por correio eletrónico. Não é assim tão difícil encontrar as pessoas com melhor desempenho num projeto. Mas, por vezes, é preciso aparecer no projeto e falar com os outros. Isto não lhe custa nada. Será uma das melhores formas de marketing para a sua empresa. Falar com os clientes e analisar o projeto pode tomar o seu tempo, mas vale a pena. Isto levará a atrair novos clientes como resultado da satisfação dos clientes actuais e da sua recomendação, para além de aumentar a sua credibilidade. No final do dia, muitas pessoas vêem programas de televisão. Nem todas as empresas podem apresentar-se nesses programas. Mas qualquer empresa pode apresentar-se às pessoas através dos telemóveis. Se criar imagens com vídeos curtos de dois minutos sobre a história de uma família e o motivo pelo qual a escolheram e, finalmente, como terminou o projeto, pode enviá-los por e-mail ou nas redes sociais. Ajude a promover melhor a sua empresa com estes vídeos e partilhe-os em diferentes plataformas. Enquanto pequena empresa, a sua comunidade local é a sua força vital. Os seus interesses, necessidades e hábitos de compra podem fazer parte de uma campanha de marketing por correio eletrónico para si. Tente obter estes dados e utilize-os na sua lista de correio eletrónico para campanhas que tenham mais valor. Recursos, descontos, dicas e relatórios gratuitos podem ser um bom ponto de partida. Quando um proprietário está à procura de uma empresa de construção, pode ir de site em site. Mas, na maior parte dos casos, pode remeter para um site que não pertença a empresas de construção. Podem consultar sites que fornecem uma lista de empresas de construção na área pretendida. É por isso que deve tentar estar nessas listas para beneficiar de uma melhor posição para ser escolhido pelos clientes. Para as empresas de construção, a utilização de drones pode ser mais barata e mais rápida do que os aviões tripulados e os mapas. Pode utilizá-los para acompanhar os projectos e o seu progresso. Estes aviões podem fornecer imagens mais detalhadas para projectos de grande escala e para obter resultados mais claros. O marketing no sector da construção é um conjunto de esforços online e offline para estabelecer relações com as pessoas e convertê-las em clientes da empresa. Começa offline e com experiências positivas dos clientes. Este marketing continua depois em linha e é seguido pela procura de novos clientes em diretórios da Internet, sítios de avaliação, motores de busca e meios de comunicação de consenso. Para ter mais sucesso no seu trabalho de construção, tire o máximo partido destas dicas e das dicas adicionais mencionadas acima. Atualmente, é difícil competir e progredir nos negócios sem uma presença online nesta área de trabalho. Por conseguinte, o marketing digital é muito importante para o progresso e o desenvolvimento das empresas. No marketing digital, os métodos de marketing em linha são efetivamente utilizados para apresentar digitalmente uma empresa a pessoas relevantes. Desde o sítio Web da empresa até aos activos comerciais em linha. Você, a publicidade digital, o marketing por correio eletrónico, os jornais e revistas em linha, etc., são todos métodos de marketing digital. É de notar que o marketing digital não distingue entre métodos concebidos para atrair clientes e métodos que reduzem a sua atenção. Por exemplo, os banners e os pop-ups, tal como o conteúdo de um sítio Web, são métodos de marketing digital, mas isso não significa que os banners e os pop-ups sejam uma boa forma de atrair clientes, pelo contrário, estes modelos de publicidade costumam fazer com que os clientes prestem atenção à sua marca; no entanto, ao produzir um bom conteúdo de blogue para a sua marca, pode atrair clientes para a sua marca. A venda tem um conceito simples e requer persuadir o cliente a comprar e transferir a propriedade. Na diferença entre vendas e marketing, Levitt diz: Vendas é sobre encontrar clientes para os produtos que você tem, e marketing é sobre garantir que você tenha os itens que seus clientes precisam. As vendas são uma das partes do marketing, mas as vendas são a base do sucesso nos negócios e, sem vendas, o marketing é ineficaz. Estabeleça as bases para o sucesso no marketing e nas vendas, seguindo princípios e práticas de longo prazo e melhorando as suas competências pessoais. Um profissional de marketing e vendas é alguém que possui as competências e os conhecimentos necessários para ser bem sucedido nos mercados competitivos e complexos de hoje. Os vendedores bem sucedidos têm formação superior ou profissional que lhes permite criar e manter relações duradouras com os clientes. . Esforçam-se por construir relações fortes com os clientes, ouvindo-os, avaliando as suas necessidades e organizando os esforços da empresa para resolver os problemas dos clientes e satisfazer as suas necessidades.

Referências

Aaltonen, K., Kujala, J., 2016. Towards an improved understanding of project stakeholder landscapes. Int. J. Proj. Manag. 34 (8), 1537-1552.

Agnihotri, R., Kothandaraman, P., Kashyap, R., Singh, R., 2012. Bringing "social" into sales: the impact of salespeople's social media use on service behaviors and value creation. J. Personal Sell. Sales Manag. 32 (3), 333-348.

Ahola, T., Kujala, J., Laaksonen, T., Aaltonen, K., 2013. Construindo a posição de mercado de uma empresa baseada em projetos. Int. J. Proj. Manag. 31 (3), 355-365.

Anderson, J., Narus, J., Narayandas, D., 2009. Business Market Management: Understanding, Creating, and Delivering Value, terceira edição. Pearson Prentice Hall.

Artto, K., Kujala, J., 2008. O negócio de projectos como um campo de investigação. Int. J. Manag. Proj. Bus. 1 (4), 469-497.

Artto, K., Martinsuo, M., Kujala, J., 2011. Projeto empresarial. Disponível: http://pbgroup.aalto.fi/en/the_book_and_the_glossary/.

Artto, K., Wikstrom, ¨ K., Hellstrom, ¨ M., Kujala, J., 2008. Impact of services on project business. Int. J. Proj. Manag. 26 (5), 497-508.

Aspara, J., Hietanen, J., Mattila, P., Sihvonen, A., Tikkanen, H., 2013. Generative mechanisms in project marketing-an agenda for inquiry. J. Glob. Schol. Market. Sci. 23 (2), 196-212.

Biegel, B., 2009. A visão atual e as perspectivas para o futuro da automatização do marketing. J. Diret, Data Digital Mark. Pract. 10 (3), 201-213.

Blomquist, T., Wilson, T.L., 2007. Project marketing in multi-project organizations: a comparison of IS/IT and engineering firms. Ind. Market. Manag. 36 (2), 206-218.

Brady, T., Davies, A., Gann, D.M., 2005. Criar valor através do fornecimento de soluções integradas. Int. J. Proj. Manag. 23 (5), 360-365.

Brown, G., Kytt¨ a, M., 2014. Questões-chave e prioridades de investigação para os SIG de participação pública (PPGIS): uma síntese baseada na investigação empírica. Appl. Geogr. 46, 122-136.

Bryde, D., Broquetas, M., Volm, J.M., 2013. Os benefícios do projeto de modelagem de informações de construção (BIM). Int. J. Proj. Manag. 31 (7), 971-980.

Charness, N., Boot, W.R., 2009. Envelhecimento e utilização das tecnologias da informação: potencialidades e barreiras. Curr. Dir. Psychol. Sci. 18 (5), 253-258.

Chiefmartec, 2022. Marketing Technology Landscape 2022: Search 9,932 Solutions on martechmap.com. Disponível online: https://chiefmartec.com/2022/05/marketi ng-technology-landscape-2022-search-9932-solutions-on-martechmap-com/. Disponível em linha: Clarke, K.C., 1995. Cartografia analítica e computacional.

Cova, B., Hoskins, S., 1997. Uma abordagem de rede de duas vias para o marketing de projectos. Eur. Manag. J. 15 (5), 546-556.

Cova, B., Ghauri, P.N., Salle, R., 2002. Project Marketing: beyond Competitive Bidding. J. Wiley.

Cova, B., Skål'en, P., Pace, S., 2019. Prática interpessoal no marketing de projetos: como as lógicas institucionais os condicionam e os alteram. J. Bus. Ind. Market. 34 (4), 723-734.

Crespin-Mazet, F., Romestant, F., Salle, R., 2019. O co-desenvolvimento de projetos inovadores em atividades de CoPS. Ind. Market. Manag. 79 (maio de 2019), 71-83.

Cuevas, J.M., 2018. A transformação da venda profissional: implicações para liderar a organização de vendas moderna. Ind. Market. Manag. 69, 198-208.

Davenport, T., Guha, A., Grewal, D., Bressgott, T., 2020. Como a inteligência artificial vai mudar o futuro do marketing. J. Acad. Market. Sci. 48, 24-42.

Eastman, C.M., Eastman, C., Teicholz, P., Sacks, R., Liston, K., 2011. BIM Handbook: A Guide to Building Information Modeling for Owners, Managers, Designers, Engineers and Contractors. John Wiley & Sons. Easton, G., 2010. Realismo crítico na investigação de estudos de caso. Ind. Market. Manag. 39 (1), 118-128.

Edkins, A., Geraldi, J., Morris, P., Smith, A., 2013. Explorando o front-end da gestão de projetos. Eng. Proj. Organ. J. 3 (2), 71-85.

Eisenhardt, K.M., 1989. Construir teorias a partir da investigação de estudos de caso. Acad. Manag. Rev. 14 (4), 532-550. El Khatib, M., Al Falasi, A., 2021. Efeitos da inteligência artificial na tomada de decisões em gestão de projectos. Am. J. Ind. Bus. Manag. 11 (3), 251-260.

Fraccastoro, S., Gabrielsson, M., Pullins, E.B., 2021. O uso integrado de mídias sociais, ferramentas de comunicação digital e tradicional no processo de vendas B2B de PMEs internacionais. Int. Bus. Rev. 30 (4), 101776.

Gibbert, M., Ruigrok, W., 2010. O "quê" e o "como" do rigor do estudo de caso: três estratégias baseadas em trabalhos publicados. Organ. Res. Methods 13 (4), 710-737.

Gioia, D.A., Corley, K.G., Hamilton, A.L., 2013. Buscando rigor qualitativo na pesquisa indutiva: notas sobre a metodologia Gioia. Organ. Res. Methods 16 (1), 15-31.

Gor ¨ og, ¨ M., 2016. Posições de mercado tal como percebidas pelas organizações baseadas em projectos no segmento empresarial típico dos projectos. Int. J. Proj. Manag. 34 (2), 187-201.

Hadjikhani, A., 1996. O marketing de projectos e a gestão da descontinuidade. Int. Bus. Rev. 5 (3), 319-336.

Hallikainen, H., Savim¨ aki, E., Laukkanen, T., 2020. Fomentar as vendas B2B com a análise de grandes volumes de dados dos clientes. Ind. Market. Manag. 86, 90-98.

Hsieh, H.F., Shannon, S.E., 2005. Três abordagens à análise de conteúdo qualitativo. Qual. Health Res. 15 (9), 1277-1288.

Humphrey Jr., W., Laverie, D., Munoz, ˜ C., 2021. O uso e o valor dos crachás: aproveitando os crachás do salesforce trailhead para a educação em tecnologia de marketing. J. Market. Educ. 43 (1), 25-42.

Jalkala, A., Cova, B., Salle, R., Salminen, R.T., 2010. Alterar as orientações empresariais dos projectos: para uma nova lógica de marketing de projectos. Eur. Manag. J. 28 (2), 124-138.

J¨ arvinen, J., Karjaluoto, H., 2015. A utilização da análise da Web para a medição do desempenho do marketing digital. Ind. Market. Manag. 50, 117-127.

J¨ arvinen, J., Tollinen, A., Karjaluoto, H., Jayawardhena, C., 2012. Utilização do marketing digital e das redes sociais na secção industrial B2B. Market. Manag. J. 22 (2).

Jones, S., Laquidara-Carr, D., Lorenz, A., Buckley, B., Barnett, S., 2017. O valor comercial do BIM para infra-estruturas 2017. Relatório SmartMarket. S. Toukola et al. Liderança de projectos e sociedade 4 (2023) 100091 13

Kahila-Tani, M., Kytta, M., Geertman, S., 2019. O mapeamento melhora a participação pública? Explorando os prós e contras da utilização de SIG de participação pública em práticas de planeamento urbano. Landsc. Urban Plann. 186, 45-55.

Kaplan, A.M., Haenlein, M., 2010. Utilizadores do mundo, uni-vos! Os desafios e as oportunidades das redes sociais. Bus. Horiz. 53 (1), 59-68.

Khan, Z., Ludlow, D., Loibl, W., Soomro, K., 2014. Planeamento urbano participativo e desenvolvimento de políticas com base nas TIC: o projeto UrbanAPI. Transforming Gov. People, Process Policy 8 (2), 205-229.

Khodakarami, F., Chan, Y.E., 2014. Explorando o papel dos sistemas de gestão de relacionamento com o cliente (CRM) na criação de conhecimento do cliente. Inf. Manag. 51 (1), 27-42.

Kolltveit, B.J., Grønhaug, K., 2004. A importância da fase inicial: o caso dos projectos de construção e edificação. Int. J. Proj. Manag. 22 (7), 545-551.

Kujala, J., Murtoaro, J., Artto, K., 2007. Uma abordagem de negociação para a venda e implementação de projectos. Proj. Manag. J. 38 (4), 33-44.

Kujala, J., Nyst'en-Haarala, S., Nuottila, J., 2015. Flexible contracting in project business. Int. J. Manag. Proj. Bus.

Kujala, S., Artto, K., Aaltonen, P., Turkulainen, V., 2010. Business models in projectbased firms-Towards a typology of solution-specific business models. Int. J. Proj. Manag. 28 (2), 96-106.

Lee, B., Chen, Y., Hewitt, L., 2011. Age differences in constraints encountered by seniors in their use of computers and the internet. Comput. Hum. Behav. 27 (3), 1231-1237.

Lemon, K.N., Verhoef, P.C., 2016. Compreender a experiência do cliente ao longo da jornada do cliente. J. Market. 80 (6), 69-96.

Lilien, G.L., 2016. A lacuna de conhecimento B2B. Int. J. Res. Market. 33 (3), 543-556.

Liu, Y., Van Nederveen, S., Hertogh, M., 2017. Compreender os efeitos do BIM na conceção e construção colaborativas: um estudo empírico na China. Int. J. Proj. Manag. 35 (4), 686-698.

Mahlam¨ aki, T., Storbacka, K., Pylkkonen, ¨ S., Ojala, M., 2020. Adoção de ferramentas digitais de automatização da força de vendas na cadeia de abastecimento: aceitação dos configuradores de vendas pelos clientes. Ind. Market. Manag. 91, 162-173.

Mainela, T., Ulkuniemi, P., 2013. Interação pessoal e gestão da relação com o cliente no negócio de projectos. J. Bus. Ind. Market. 28 (2), 103-110.

Marnewick, C., Marnewick, A., 2021. Inteligência digital: um must-have para gerentes de projeto. Project Leadership Soc. 2, 100026.

Marnewick, C., Marnewick, A.L., 2022. Digitalização da gestão de projectos: oportunidades na investigação e na prática. Project Leadership Soc. 3, 100061. Martinsuo, M., 2019. Valor estratégico no front end de um programa de inovação radical. Proj. Manag. J. 50 (4), 431-446.

Martinsuo, M., Huemann, M., 2021. Conceber uma investigação de estudo de caso. Int. J. Proj. Manag. 39 (5), 417-421.

Mathur, S., Ninan, J., Vuorinen, L., Ke, Y., Sankaran, S., 2021. Um estudo exploratório do uso de mídias sociais para avaliar a realização de benefícios em projetos de infraestrutura de transporte. Project Leadership Soc. 2, 100010.

Matinheikki, J., Artto, K., Peltokorpi, A., Rajala, R., 2016. Gerir redes inter-organizacionais para a criação de valor na fase inicial dos projectos. Int. J. Proj. Manag. 34 (7), 1226-1241.

Mero, J., Tarkiainen, A., Tobon, J., 2020. Raciocínio efetivo e causal na adoção da automação de marketing. Ind. Market. Manag. 86, 212-222.

Miklosik, A., Kuchta, M., Evans, N., Zak, S., 2019. Rumo à adoção de ferramentas analíticas baseadas em aprendizado de máquina no marketing digital. IEEE Access 7, 85705-85718.

Miles, M.B., Huberman, A.M., 1994. Qualitative Data Analysis: an Expanded Sourcebook. Sage.

Ninan, J., Clegg, S., Mahalingam, A., 2019. Branding e governamentalidade para megaprojetos de infraestrutura: o papel das mídias sociais. Int. J. Proj. Manag. 37 (1), 59-72.

Oraee, M., Hosseini, M.R., Edwards, D.J., Li, H., Papadonikolaki, E., Cao, D., 2019. Barreiras de colaboração em redes de construção baseadas em BIM: um modelo concetual. Int. J. Proj. Manag. 37 (6), 839-854.

Papadonikolaki, E., van Oel, C., Kagioglou, M., 2019. Organização e gestão de fronteiras: uma visão estrutural da colaboração com a modelação da informação da construção (BIM). Int. J. Proj. Manag. 37 (3), 378-394.

Papadonikolaki, E., Vrijhoef, R., Wamelink, H., 2016. As interdependências do BIM e a parceria da cadeia de abastecimento: explorações empíricas. Architect. Eng. Des. Manag. 12 (6), 476-494.

Paschen, J., Kietzmann, J., Kietzmann, T.C., 2019. Inteligência artificial (IA) e suas implicações para o conhecimento do mercado no marketing B2B. J. Bus. Ind. Market.

Peter, M.K., Dalla Vecchia, M., 2021. O kit de ferramentas de marketing digital: uma revisão da literatura para a identificação de canais e plataformas de marketing digital. Novas tendências em sistemas de informação empresarial e tecnologia 251-265.

Proksch, D., Rosin, A.F., Stubner, S., Pinkwart, A., 2021. A influência de uma estratégia digital na digitalização de novos empreendimentos: o efeito mediador das capacidades digitais e de uma cultura digital. J. Small Bus. Manag. 1-29.

Rishika, R., Kumar, A., Janakiraman, R., Bezawada, R., 2013. O efeito da participação dos clientes nas redes sociais na frequência de visitas dos clientes e na rentabilidade: uma investigação empírica. Inf. Syst. Res. 24 (1), 108-127.

Rustholllkarhu, S., Toukola, S., Aarikka-Stenroos, L., Mahlam¨ aki, T., 2022. Gerir as jornadas dos clientes B2B na era digital: quatro actividades de gestão com ferramentas alimentadas por inteligência artificial. Ind. Market. Manag. 104, 241-257.

Ryynanen, ¨ H., Jalkala, A., Salminen, R.T., 2013. A rede de comunicação interna do fornecedor durante o processo de venda do projeto. Proj. Manag. J. 44 (3), 5-20.

Salminen, R.T., Moller, ¨ K., 2006. Role of references in business marketing - Towards a normative theory of referencing. J. Bus. Bus. Market. 13 (1), 1-51.

Savolainen, P., Ahonen, J.J., 2015. Conhecimento perdido: desafios na mudança de gestor de projeto entre vendas e implementação em projectos de software. Int. J. Proj. Manag. 33 (1), 92-102.

Skaates, M.A., Tikkanen, H., 2003. Marketing de projectos internacionais: uma introdução à abordagem INPM. Int. J. Proj. Manag. 21 (7), 503-510.

Smyth, H.J., Morris, P.W.G., 2007. Uma avaliação epistemológica da investigação sobre projectos e sua gestão: questões metodológicas. Int. J. Proj. Manag. 25 (4), 423-436.

Ståhle, M., Ahola, T., 2021. Equilíbrio na corda bamba: lidar com lógicas institucionais concorrentes no negócio de projectos. Int. J. Proj. Manag. 40 (1), 52-63.

Ståhle, M., Ahola, T., Martinsuo, M., 2019. Integração multifuncional para gerenciar fluxos de informações de clientes em uma empresa baseada em projetos. Int. J. Proj. Manag. 37 (1), 145-160.

Steward, M.D., Narus, J.A., Roehm, M.L., Ritz, W., 2019. De transações a jornadas e além: a evolução da modelagem do processo de compra B2B. Ind. Market. Manag. 83, 288-300.

Syam, N., Sharma, A., 2018. À espera de um renascimento das vendas na quarta revolução industrial: aprendizagem automática e inteligência artificial na investigação e prática de vendas. Ind. Market. Manag. 69, 135-146.

Taiminen, H.M., Karjaluoto, H., 2015. A utilização de canais de marketing digital nas PME. J. Small Bus. Enterprise Dev.

Teo, T.S., Devadoss, P., Pan, S.L., 2006. Towards a holistic perspective of customer relationship management (CRM) implementation: a case study of the Housing and Development Board, Singapore. Decis. Support Syst. 42 (3), 1613-1627.

Tikkanen, H., Kujala, J., Artto, K., 2007. A estratégia de marketing de uma empresa baseada em projectos: a estrutura dos quatro portfólios. Ind. Market. Manag. 36 (2), 194-205.

Toukola, S., Ahola, T., 2022. Ferramentas digitais para a participação das partes interessadas em projectos de desenvolvimento urbano. Project Leadership Soc. 3, 100053.

Turkulainen, V., Kujala, J., Artto, K., Levitt, R.E., 2013. Organização no contexto de uma empresa global baseada em projectos - O caso da interface vendas-operações. Ind. Market. Manag. 42 (2), 223-233.

Turner, J.R., Lecoeuvre, L., Sankaran, S., Er, M., 2019. Marketing para o projeto: marketing do projeto pelo empreiteiro. Int. J. Manag. Proj. Bus. 12 (1), 211-227.

Wang, W.Y., Pauleen, D.J., Zhang, T., 2016. Como as aplicações das redes sociais afectam a comunicação B2B e melhoram o desempenho empresarial nas PME. Ind. Market. Manag. 54, 4-14.

Whyte, J., Stasis, A., Lindkvist, C., 2016. Gerir a mudança na entrega de projectos complexos: gestão da configuração, informação sobre activos e "big data". Int. J. Proj. Manag. 34 (2), 339-351.

Wiersema, F., 2013. A Agenda B2B: o estado atual do marketing B2B e um olhar para o futuro. Ind. Market. Manag. 42 (4), 470-488.

Wijayasekera, S.C., Hussain, S.A., Paudel, A., Paudel, B., Steen, J., Sadiq, R., Hewage, K., 2022. Análise de dados e inteligência artificial no ambiente complexo dos megaprojectos: implicações para os profissionais e para a teoria da organização de projectos. Proj. Manag. J. 53 (5), 485-500.

Williams, T., Samset, K., 2010. Questões na tomada de decisões de front-end em projectos. Proj. Manag. J. 41 (2), 38-49.

Williams, T., Vo, H., Samset, K., Edkins, A., 2019. O front-end dos projetos: uma revisão sistemática da literatura e estruturação. Prod. Plann. Control 30 (14), 1137-1169.

Wu, H., He, Z., Gong, J., 2010. Uma visualização 3D baseada no globo virtual e uma estrutura interactiva para a participação pública em processos de planeamento urbano. Comput. Environ. Urban Syst. 34 (4), 291-298.

Xu, L., Chen, J., Whinston, A., 2012. Effects of the presence of organic listing in search advertising (Efeitos da presença de listagem orgânica na publicidade de pesquisa). Inf. Syst. Res. 23 (4), 1284-1302.

Yin, R.K., 2014. Case Study Research: Design and Methods, quinta edição. Sage Inc. Young, N.W., Jones, S.A., Bernstein, H.M., Gudgel, J., 2009. The Business Value of BIMGetting Building Information Modeling to the Bottom Line.

Zhang, Y., Sun, J., Yang, Z., Wang, Y., 2018. Redes sociais móveis em projectos inter-organizacionais: alinhando ferramenta, tarefa e equipa para a eficácia da colaboração virtual. Int. J. Proj. Manag. 36 (8), 1096-1108.

Nils Boysen, Rene De Koster, Felix Weidinger, Warehousing in the e-commerce era: a survey, Eur. J. Oper. Res. 277 (2) (2019) 396-411.

Teresa Gajewska, The impact of the level of customer satisfaction on the quality of e-commerce services, Int. J. Prod. Perform. Manag. 69 (4) (2020) 666-684.

Xiaolin Lin, Xuequn Wang, Nick Hajli, Building e-commerce satisfaction and boosting sales: the role of social commerce trust and its antecedents, Int. J. Electron. Commer. 23 (3) (2019) 328-363.

S. Sekar, Modelo de transação autónoma para gestão de comércio eletrónico utilizando a tecnologia blockchain, Int. J. Inf. Technol. Web Eng. 17 (1) (2022) 1-14.

Weisheng Chiu, Heetae Cho, E-commerce brand: the effect of perceived brand leadership on consumers' satisfaction and repurchase intention on e-commerce websites, Asia Pac. J. Mark. Logist. 33 (6) (2021) 1339-1362.

Mingyao Hu, Sohail S. Chaudhry, Enhancing consumer engagement in e-commerce live streaming via relational bonds, Internet Res. 30 (3) (2020) 1019-1041.

Mahmud Akhter Shareef, Purchase intention in an electronic commerce environment: a trade-off between controlling measures and operational performance, Inf. Technol. Pessoas 32 (6) (2019) 1345-1375.

Sudhir Rana, Determinants of international marketing strategy for emerging market multinationals, Int. J. Emerg. Mark. 16 (2) (2021) 154-178.

Ni Made Wulandari Kusumadewi, Antecedentes da utilização das redes sociais e suas consequências para o desempenho de marketing das pequenas e médias empresas: um quadro concetual, Italienisch 12 (1) (2022) 893-907.

Jagdish Sheth, New areas of research in marketing strategy, consumer behavior, and marketing analytics: the future is bright, J. Market. Theor. Pract. 29 (1) (2021) 3-12.

Finny Redjeki, Azhar Affandi, Utilização do marketing digital para jogadores de MPME como criação de valor para os clientes durante a pandemia COVID-19, Int. J. Sci. Soc. 3 (1) (2021) 40-55.

Svetlana Drobyazko, Modelos inovadores de empreendedorismo no sistema de gestão da competitividade empresarial, J. Enterpren. Educ. 22 (4) (2019) 1-6.

Vanessa Prieto-Sandoval, Principais estratégias, recursos e capacidades para a implementação da economia circular nas pequenas e médias empresas industriais, Corp. Soc. Responsib. Environ. Manag. 26 (6) (2019) 1473-1484.

Constantine Katsikeas, Leonidas Leonidou, Athina Zeriti, Revisiting international marketing strategy in a digital era: opportunities, challenges, and research diretions, Int. Market. Rev. 37 (3) (2020) 405-424.

Zaer Abo-Hammour, Solução optimizada dos problemas de Troesch e Bratu de tipo ordinário usando um novo algoritmo genético contínuo, Discrete Dynam. Nat. Soc. 2014 (2014).

Omar Abu Arqub, Zaer Abo-Hammour, Solução numérica de sistemas de problemas de valor limite de segunda ordem usando algoritmo genético contínuo, Inf. Sci. 279 (2014) 396-415.

Julian M. Muller, Oana Buliga, Kai-Ingo Voigt, O papel da capacidade de absorção e da estratégia de inovação na conceção de modelos empresariais da indústria 4.0 - uma comparação entre PME e grandes empresas, Eur. Manag. J. 39 (3) (2021) 333-343.

Sun Chao, modelo de construção do sistema de marketing on-line de produtos agrícolas de comércio eletrônico baseado em blockchain e algoritmo genético aprimorado, Secur. Commun. Network. 2022 (2022) 1-11.

Tay J, Shi P, He Y, Nath T. Aplicação da visão computacional na indústria da construção. SSRN Electron J 2019.

Khahro SH, Memon NA, Ali TH, Memon ZA. Adoção da pré-fabricação em projectos de construção de pequena escala. Civ Eng J 2019.

Ames CP et al. Artificial intelligence based hierarchical clustering of patient types and intervention categories in adult spinal deformity surgery: towards a new classification scheme that predicts quality and value," Spine (Phila. Pa. 1976).; 2019.

Teo ALE, Ofori G, Tjandra IK, Kim H. Projeto para a segurança: Enquadramento teórico do aspeto de segurança do sistema BIM para determinar o índice de segurança. Constr Econ Build 2016.

Teo EAL. Briefing: Determinação de índices de produtividade e segurança utilizando o BIM. Actas do Instituto de Engenheiros Civis: Gestão, Contratação e Direito 2016.

Sandra VB, Jardim. O registo eletrónico de saúde e o seu contributo para a interoperabilidade dos sistemas de informação em saúde. Procedia Technol 2013.

Feng Y, Teo EAL, Ling FYY, Low SP. Exploring the interactive effects of safety investments, safety culture and project hazard on safety performance: An empirical analysis. Int J Proj Manag 2014.

Choi W. Um estudo sobre o sistema inteligente de gestão de catástrofes baseado na inteligência artificial. J Korean Soc Hazard Mitig 2020.

Kanyilmaz A, Tichell PRN, Loiacono D. A genetic algorithm tool for concetual structural design with cost and embodied carbon optimization. Eng Appl Artif Intell 2022.

Degas A, et al. "A Survey on Artificial Intelligence (AI). E a IA eXplicável na gestão do tráfego aéreo: Current Trends and Development with Future Research Trajectory". Ciências Aplicadas (Suíça); 2022.

Wang M, Wang CC, Sepasgozar S, Zlatanova S. Uma revisão sistemática da adoção da tecnologia digital na construção fora do estaleiro: Estado atual e direção futura para a indústria 4.0. Buildings 2020.

Iyer LS. Aplicações com IA para transportes inteligentes. Transp Eng 2021.

Chansik P, Doyeop L, Numan K. Uma análise dos padrões de julgamento dos riscos de segurança em relação ao computador. Gestão da segurança na construção baseada na visão 2020.

Liu Y, Zhao S, Yue X, Muthu BA, Kumar RL. Estrutura baseada em IA para estimativa de risco no local de trabalho. Aggress Violent Behav 2021.

Jing H, Wei W, Zhou C, He X. Um quadro de segurança de inteligência artificial. J Phys Conf Ser 2021.

Der Yu W, Liao HC, Hsiao WT, Chang HK, Wu TY, Lin CC. Aplicação das técnicas híbridas de aprendizagem automática para a identificação em tempo real do equipamento de proteção da segurança pessoal do trabalhador. J Technol 2020.

Abduljabbar R, Dia H, Liyanage S, Bagloee SA. Aplicações da inteligência artificial nos transportes: An overview. Sustentabilidade (Suíça) 2019.

Liu C, Sepasgozar SME, Shirowzhan S, Mohammadi G. Aplicações da deteção de objectos na construção modular com base numa avaliação comparativa de algoritmos de aprendizagem profunda. Constr Innov 2022.

Mahmoudi A, Sadeghi M, Deng X. Medição do desempenho dos fornecedores do sector da construção segundo critérios de localização, agilidade e digitalização: Fuzzy Ordinal Priority Approach. Environ Dev Sustain 2022.

Sadeghi M, Mahmoudi A, Deng X. Tecnologia Blockchain em organizações de construção: avaliação de risco usando abordagem de prioridade ordinal fuzzy trapezoidal. Eng Constr Archit Manag 2022.

Palaniappan K, Kok CL, Kato K. Artificial Intelligence (AI) Coupled with the Internet of Things (IoT) for the Enhancement of Occupational Health and Safety in the Construction Industry (Inteligência Artificial (IA) Acoplada à Internet das Coisas (IoT) para a Melhoria da

Saúde e Segurança Ocupacional na Indústria da Construção). Em Lecture Notes in Networks and Systems. 2021.

Tognetto D, et al. Aplicações de inteligência artificial e tratamento da catarata: Uma revisão sistemática. Surv Ophthalmol 2022.

Bigham GF, Adamtey S, Onsarigo L, Jha N. Artificial intelligence for construction safety: Mitigação do risco de queda. Em Avanços em Sistemas Inteligentes e Computação. 2018.

Chua IS, et al. Inteligência artificial em oncologia: Caminho para a implementação. Cancer Med 2021.

Khan M, et al. Effects of Jute Fiber on Fresh and Hardened Characteristics of Concrete with Environmental Assessment (Efeitos da fibra de juta nas caraterísticas frescas e endurecidas do betão com avaliação ambiental). Buildings Jun. 2023;13:1691.

Khan M, et al. "otimização das caraterísticas frescas e mecânicas dos compósitos de betão reforçado com fibras de carbono utilizando a técnica de superfície de resposta" 2023; vol. 13:Mar.

Sajjad M, et al. Avaliação do sucesso das práticas de digitalização da Indústria 4.0 para a gestão sustentável da construção: Indústria de Construção Chinesa. Buildings 2023;13(7):1668.

Abioye SO, et al. "Artificial intelligence in the construction industry: A review of present status, opportunities and future challenges", Journal of Building. Engineering 2021.

Sadeghi M, Mahmoudi A, Deng X. Adoção da tecnologia de livro-razão distribuído para a indústria da construção sustentável: avaliação das barreiras utilizando a Abordagem de Prioridade Ordinal. Environ Sci Pollut Res 2022.

Mahmoudi A, Sadeghi M, Naeni LM. Blockchain e financiamento da cadeia de suprimentos para a indústria de construção sustentável: classificação de conjuntos usando a abordagem de prioridade ordinal. Oper Manag Res 2023.

Waqar A, et al. Effect of volcanic pumice powder ash on the properties of cement concrete using response surface methodology. J Build Pathol Rehabil 2023.

A. Waqar, M. B. Khan, N. Shafiq, K. Skrzypkowski, K. Zagorski, ' e A. Zagorska, ' "Assessment of Challenges to the Adoption of IOT for the Safety Management of Small Construction Projects in Malaysia: Structural Equation Modeling Approach", Appl. Sci., vol. 13, no. 5, 2023.

Waqar A, Hannan Qureshi A, Othman I, Saad N, Azab M. Exploração dos desafios para a implantação de blockchain em pequenos projetos de construção. Ain Shams Eng J 2023; no. xxxx:102362.

Kaplan A, et al. Artificial Intelligence/Machine Learning in Respiratory Medicine and Potential Role in Asthma and COPD Diagnosis (Inteligência Artificial/Aprendizagem Automática em Medicina Respiratória e Papel Potencial no Diagnóstico da Asma e da DPOC). J Allergy Clin Immunol Pract 2021.

Howard J. Artificial intelligence: Implicações para o futuro do trabalho. Am J Ind Med 2019.

A. Waqar e I. Othman, "Challenges to the Implementation of BIM for the Risk Management of Oil and Gas Construction Projects : Structural Equation Modeling Approach sustainability Challenges to the Implementation of BIM for the Risk Management of Oil and Gas Construction Project," no. maio de 2023.

Waqar A, Othman I, Almujibah H, Khan MB, Alotaibi S, Elhassan AAM. Factores que influenciam a adoção de tecnologias avançadas de gémeos digitais para o desenvolvimento de cidades inteligentes: Evidências da Malásia. Buildings 2023.

Waqar A, et al. Assessment of Barriers to Robotics Process Automation (RPA) Implementation in Safety Management of Tall Buildings (Avaliação das barreiras à implementação da automatização de processos robóticos (RPA) na gestão da segurança de edifícios altos). Buildings Jun. 2023;13: 1663.

Waqar A, Othman I, Pomares JC. Impacto da impressão 3D no sucesso geral do projeto de projetos de construção residencial usando modelagem de equação estrutural. Int J Environ Res Public Health 2023.

M. B. Khan e A. Waqar, "Compósitos de betão reforçado com fibra de carbono utilizando a resposta", n. março de 2023.

Pistolesi F, Lazzerini B. Assessing the Risk of Low Back Pain and Injury via Inertial and Barometric Sensors. Informática: IEEE Trans. Ind; 2020.

Chen S, Xi J, Chen Y, Zhao J. Association Mining of Near Misses in Hydropower Engineering Construction Based on Convolutional Neural Network Text Classification. Comput Intell Neurosci 2022.

Tahir H, et al. "Otimização das caraterísticas mecânicas do betão de fibra de vidro resistente aos álcalis para. Sustainable Construction" 2023.

Waqar A, et al. Effect of Coir Fibre Ash (CFA) on the strengths, modulus of elasticity and embodied carbon of concrete using response surface methodology (RSM) and optimization. Resultados Eng 2023.

Shneiderman B. Bridging the gap between ethics and practice: Orientações para sistemas de IA centrados no ser humano fiáveis, seguros e dignos de confiança. ACM Trans Interact Intell Syst 2020.

Kochovski P, Stankovski V. Construir aplicações para uma construção inteligente e segura com a plataforma DECENTER Fog Computing and Brokerage. Autom Constr 2021.

Feder J. Drones Move From 'Nice To Have' to Strategic Resources for Projects (Os drones passam de 'Nice To Have' para recursos estratégicos para projectos). J Pet Technol 2020.

Chew MYL, Yan K. Enhancing Interpretability of Data-Driven Fault Detection and Diagnosis Methodology with Maintainability Rules in Smart Building Management (Melhorar a Interpretabilidade da Metodologia de Diagnóstico e Deteção de Falhas Baseada em Dados com Regras de Manutenção na Gestão de Edifícios Inteligentes). J Sensors 2022.

A. Waqar, I. Othman, N. Shafiq, e H. Altan, "Modeling the Effect of Overcoming the Barriers to Passive Design Implementation on Project Sustainability Building Success : A Structural Equation Modeling Perspective sustainability Modeling the Effect of Overcoming the Barriers to Passive Design Impleme," no. junho de 2023.

A. Waqar, I. Othman, N. Shafiq, e H. Altan, "sustainability Modeling the Effect of Overcoming the Barriers to Passive Design Implementation on Project Sustainability Building Success : A Structural Equation Modeling Perspective," no. junho de 2023.

Waqar A, Othman I, Shafiq N, Mansoor MS. Aplicações da IA em projectos de petróleo e gás para o desenvolvimento sustentável: uma revisão sistemática da literatura. Artif Intell Rev 2023.

Cubric M. Drivers, barreiras e considerações sociais para a adoção da IA nos negócios e na gestão: Um estudo terciário. Technol Soc 2020.

Waqar A, Othman I, Skrzypkowski K. "Evaluation of Success of Superhydrophobic Coatings in the Oil and. Gas Construction Industry Using Structural" 2023.

Waqar A, Qureshi AH, Alaloul WS. "Barreiras à implantação da modelagem de informações de construção (BIM) em pequenos projetos de construção. Malaysian Construction Industry", Sustain 2023.

Waqar A, et al. Sucesso da implementação da computação em nuvem para o desenvolvimento inteligente em pequenos projectos de construção. Appl Sci 2023.

Huanga Y, Le T. Factores que afectam a implementação da tecnologia de proteção auditiva baseada na IA no local de trabalho da construção. In Proceedings of the 37th International Symposium on Automation and Robotics in Construction, ISARC 2020: from Demonstration to Practical Use - to New Stage of Construction Robot. 2020.

Yan Y, Hou X, Fei H. Revisão da previsão das vibrações no solo induzidas pela explosão para reduzir os impactos nas comunidades urbanas ambientais. J Clean Prod 2020.

Suh B. PSY3-2 Inteligência artificial para o diagnóstico e tratamento do cancro. Ann Oncol 2021.

Khan S, Tsutsumi S, Yairi T, Nakasuka S. Robustez do prognóstico baseado em IA e gestão da saúde dos sistemas. Controlo: Annu. Rev; 2021.

Pishgar M, Issa SF, Sietsema M, Pratap P, Darabi H. Redeca: Um novo quadro para rever a inteligência artificial e as suas aplicações na segurança e saúde no trabalho. Int J Environ Res Public Health 2021.

Abas NH, Yusuf N, Rahmat MH, Ghing TY. Percepções do pessoal de segurança sobre os factores significativos que afectam o desempenho de segurança dos projectos de construção. Int J Integr Eng 2021.

Li W, Duan P, Su J. A eficácia da construção de gerenciamento de projetos com mineração de dados e consenso de blockchain. J Ambient Intell Humaniz Comput 2021.

Cheng MY, Kusoemo D, Gosno RA. Classificação de acidentes em estaleiros de construção baseada em prospeção de texto utilizando aprendizagem automática supervisionada híbrida. Autom Constr 2020.

Rahimi Movassagh M, Roofigari-Esfahan N, Won Lee S, Evia C, Hicks D, Jeon M. Considerações sobre fatores humanos para a formação de equipes entre trabalhadores da construção e agente virtual inteligente baseado em voz (VIVA). Proc Hum Factores Ergon Soc Annu Meet 2021.

Gola M, et al. From building regulations and local health rules to the new local building codes: a national survey in Italy on the prescriptive and performance requirements for a new performance approach. Ann Di Ig Med Prev e Di Comunita 2020.

Niu Y, et al. Rumo à "terceira vaga": Um sistema de gestão da segurança e saúde no trabalho para a construção, baseado em SCO. Saf Sci 2019.

Gou H, et al. "Revisão do estado da arte da informatização de pontes e pontes inteligentes em 2019", Tumu yu Huanjing Gongcheng Xuebao/Journal of Civil and Environmental. Engineering 2020.

Boje C, Guerriero A, Kubicki S, Rezgui Y. Towards a semantic Construction Digital Twin: Diretions for future research. Autom Constr 2020.

Ozlati S, Yampolskiy R. A formalização da gestão de riscos e das normas de segurança da IA. Workshop AAAI - Relatório Técnico 2017.

Beckers R, Kwade Z, Zanca F. O regulamento da UE relativo aos dispositivos médicos: Implicações para o software de dispositivos médicos baseado em inteligência artificial em física médica. Medica: Phys; 2021.

Choudhury A, Asan O. "Role of artificial intelligence in patient safety outcomes: Revisão sistemática da literatura", JMIR. Med Inform 2020.

Kumar I, Rawat J, Mohd N, Husain S. Opportunities of Artificial Intelligence and Machine Learning in the Food Industry (Oportunidades da Inteligência Artificial e da Aprendizagem Automática na Indústria Alimentar). J Food Qual 2021.

N. K. Sinha, R. Das, S. B. K. Sinha, K. Shalini, e S. Das, "Prevention through Design in major construction projects-Case study from Tata Steel," in 2021 International Conference on Maintenance and Intelligent Asset Management, ICMIAM 2021, 2021.

Yang Y, et al. Oportunidades e desafios para as tecnologias de saúde e segurança na construção durante a pandemia de COVID-19 em projectos de construção chineses. Int J Environ Res Public Health 2021.

Mao S, Wang B, Tang Y, Qian F. Oportunidades e desafios da inteligência artificial para o fabrico ecológico na indústria de processos. Engenharia 2019.

Xiao C, Akhnoukh AK, Liu Y. Revisão da literatura sobre as aplicações da Inteligência Artificial (IA) na Gestão de Projetos de Construção. Constr 21st Century 2018.

Chen J, Fang H, Zeng X. Sobre o desenvolvimento inteligente de plataformas não tripuladas em indústrias de alto risco. Scientia Sinica Informationis 2021.

Liu Z, Shi G, Zhang A, Huang C. Método de tensionamento inteligente para cabos pré-esforçados baseado em gémeos digitais e inteligência artificial. Sensors (Suíça) 2020.

Israr A, Abro GEM, Sadiq Ali Khan M, Farhan M, Bin Mohd Zulkifli SUA. Veículos aéreos não tripulados habilitados para a Internet das Coisas (IoT) para a inspeção de estaleiros de construção: uma visão e direcções futuras. Math Probl Eng 2021.

Kim JS, Yi CY, Park YJ. Método de processamento de imagem e aplicação de código QR para gestão da segurança na construção. Appl Sci 2021.

Jeelani I, Albert A, Han K. Melhorar o desempenho da segurança na construção utilizando o rastreio ocular, a análise de dados visuais e a realidade virtual. In: Congresso de Pesquisa em Construção 2020: Segurança, força de trabalho e educação - Artigos selecionados do Congresso de Pesquisa em Construção 2020; 2020.

Brunone F, Cucuzza M, Imperadori M, Vanossi A. Dos edifícios cognitivos aos gémeos digitais: a fronteira da digitalização para a gestão do ambiente construído. Springer Tracts in Civil Engineering. 2021.

Ganesh S, Talukder AK. Formal Methods, artificial intelligence, big-data analytics, and knowledge engineering in medical care to reduce disease burden and health disparities.

Lecture Notes in Computer Science (incluindo a subsérie Lecture Notes in Artificial Intelligence e Lecture Notes in Bioinformatics). 2018.

Printed by Books on Demand GmbH, Norderstedt / Germany